Vorderhand:
Schulterblätter lang und schrägliegend.
Vorderläufe mit kräftigen Knochen und von den
Ellenbogen zum Boden gerade, sowohl von vorne
wie auch von der Seite betrachtet.

Rute:
Kennzeichnendes Merkmal, sehr dick am Ansatz, sich allmählich
zur Rutenspitze verjüngend, mittellang, ohne Befederung, jedoch rundum
stark mit kurzem, dickem und dichtem Fell bedeckt.
Damit in der Erscheinung „rund", dies wird mit „Otterschwanz" umschrie-
ben. Kann freundlich, sollte jedoch nicht gebogen
über dem Rücken getragen werden.

Hinterhand:
Gut ausgebildet, nicht zur Rute
hinabfallend, gut gewinkelte Kniegelen-
ke. Tiefstehende Sprunggelenke.
Kuhhessigkeit in höchstem
Maße unerwünscht.

Gebäude:
Brust von guter
Breite und Tiefe,
stark gewölbter,
fassförmiger Rippenkorb.
Gerade obere Linie.
Breite, kurze und
kräftige Lendenpartie.

Pfoten:
kompakt; gut aufgeknöchelt
mit gut ausgebildeten Ballen

Maike Harms

Faszination Hunde

Wir wollen einen
Labrador
Retriever

© 2003 bede-Verlag,
Bühlfelderweg 12,
D-94239 Ruhmannsfelden
e-Mail: info@bede-verlag.de
Internet: www.bede-verlag.de

Konzept und Herstellung
der Reihe *Faszination Hunde*:
bede-Verlag GmbH
Bildbearbeitung und Gestaltung:
Thomas Pfeffer

ISBN: 3-89860-073-4
bede-Bestellnummer: FA 022

Inhalt

Einleitung

Einen Hund sein eigen zu nennen, ist etwas Wunderschönes. Die Entscheidung für einen Hund ist die Entscheidung für eine Freundschaft, die Treue und Zuneigung verspricht und die ein ganzes Hundeleben währt.

Wer diese Freundschaft möglichst lange genießen will, muss sich für den Kauf eines Welpen entscheiden. Welpen, gleich welcher Rasse und Abkunft, sind ungewöhnlich attraktiv und niedlich – sie sind oft ein einziger Appell an menschliche Emotionen.

„Augen auf beim Welpenkauf!" rät daher der Verband für das Deutsche Hundewesen (VDH), der Dachverband, in dem in Deutschland die seriösen Rassehundezuchtvereine zusammengeschlossen sind. Nicht ohne Grund sehen der VDH und seine Zuchtvereine darauf, dass verantwortungsbewusste Züchter bemüht sind, nicht nur äußerlich rassetypische, sondern vor allem gesunde und wesensfeste Hunde zu züchten, deren Gesellschaftsverträglichkeit überdies im nicht eben hundefreundlichen

Deutschland außer Zweifel stehen muss. So unglaublich es klingt: Nur gut ein Viertel der in Deutschland gekauften Welpen stammen aus VDH-Zuchten, die sich dadurch auszeichnen, dass die Einhaltung von den anspruchsvollen Qualitätsstandards auch kontrolliert und gefördert wird.

Der weit überwiegende Teil aller Welpen wird bei dubiosen Hundehändlern, von Puppy-Farmen und zahlreichen verantwortungslosen Vermehrern erworben, die sich nicht selten zweifelhafter Vereine bedienen, um die Erzeugnisse ihrer Hundeproduktion mit ebenso phantasievollen wie dekorativen Abstammungspapieren zu versehen.

Labrador Retriever

Ihr neuer Kamerad wird Sie zehn oder mehr Jahre begleiten. Umso wichtiger ist es, dass sie wissen, woher Ihr Hund stammt. Kaufen Sie Ihren Welpen ausschließlich beim vertrauenswürdigen und seriösen Züchter.

Diese Vermehrer haben nur zu leichtes Spiel: Da alle Welpen nun einmal niedlich sind und mehr oder weniger stark dem Schutz- und Versorgungsinstinkt auslösenden Kindchenschema entsprechen, ist es für skrupellose Verkäufer ein Leichtes, „die Ware Hundewelpe" an Käufer zu bringen, deren Vernunft beim Welpenkauf offenbar weitestgehend ausgeschaltet ist.

Dieser Entwicklung kann wirksam nur durch informierte, verantwortungsbewusste und kritische Welpenkäufer Einhalt geboten werden. Welpenkäufer über die Objekte ihrer besonderen Zuwendung sachkundig zu machen und ihnen ihre Verantwortung für ein Lebewesen vor Augen zu führen, das im Zweifel länger als ein Jahrzehnt Mitglied ihres Familienrudels sein wird, ist die Zielsetzung dieser Buchreihe. Mit Züchtern sind dabei ausschließlich Züchter von Rassehunden gemeint. Darin liegt keine Diskriminierung von Mischlingshunden, die sicherlich nicht minder liebenswert, anhänglich und leistungsfähig sind. Nur: Wer Hunde züchten oder Welpen kaufen will, über deren Größe, äußeres Erscheinungsbild und zu erwartende Wesenseigenschaften eine verlässliche Vorhersage möglich ist, muss sich für einen Rassehund entscheiden. In einer nicht gerade hundefreundlichen Gesellschaft tut jeder Hundeliebhaber gut daran, sich einen Welpen zu kaufen, bei dem er weiß, wie der erwachsene Hund aussieht, welche Verhaltens-

weisen bei ihm mit hoher Wahrscheinlichkeit zu erwarten sind – und dass er einen solchen Hund zu beherrschen in der Lage ist.

Praktisch bedeutet das: Aus einem verdorbenen Welpen mögen Menschen mit viel „Hundeverstand" unter Umständen noch einen passablen Hund machen können, aber

Der Besuch einer guten Hundeschule ist in jedem Fall sehr empfehlenswert.

der bestveranlagte Welpe kann durch nicht artgerechte Aufzucht und Haltung noch gründlich ruiniert werden.

Dieser Leitfaden soll Ihnen helfen, bei verantwortungsbewussten Züchtern einer zu ihnen passenden Hunderasse einen gesunden, zu Ihnen passenden Welpen zu erwerben und ihn so aufzuziehen, dass Sie auf Dauer Freude an Ihrem vierbeinigen Gefährten haben.

Ein Labrador Retriever-Welpe soll es sein

Labrador Retriever sind Wasserhunde. Nur ungern lassen diese vorzüglichen Schwimmer die Gelegenheit zu einem Bad verstreichen.

Warum ein Labrador Retriever?

Wer sich für einen Labrador Welpen entschieden hat, hat ganz sicher eine der zu recht beliebtesten und weltweit populärsten Hunderassen gewählt. Er muss jedoch sehr genau wissen, was für einen Hund er sich damit ins Haus holt – welche Körper- und Wesensmerkmale ein erwachsener Labrador Retriever aufweist. Wenn man den typischen Labrador beschreiben

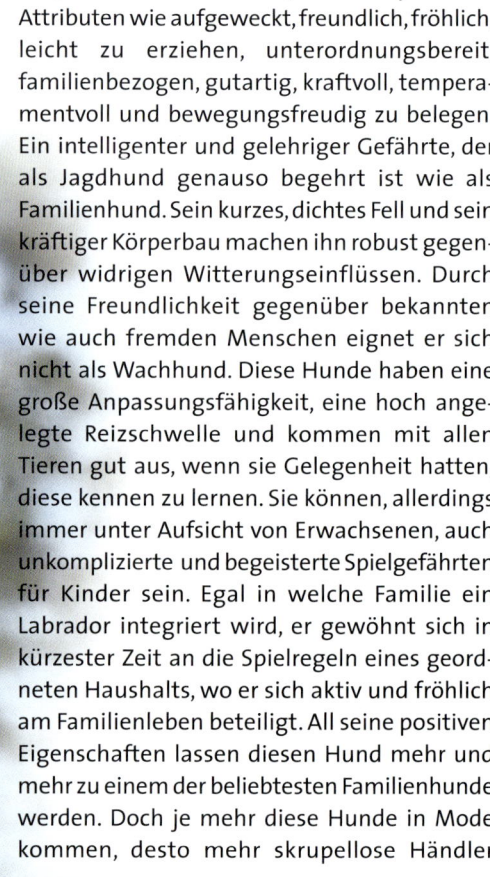

soll, dann fällt es leicht, ihn mit positiven Attributen wie aufgeweckt, freundlich, fröhlich, leicht zu erziehen, unterordnungsbereit, familienbezogen, gutartig, kraftvoll, temperamentvoll und bewegungsfreudig zu belegen. Ein intelligenter und gelehriger Gefährte, der als Jagdhund genauso begehrt ist wie als Familienhund. Sein kurzes, dichtes Fell und sein kräftiger Körperbau machen ihn robust gegenüber widrigen Witterungseinflüssen. Durch seine Freundlichkeit gegenüber bekannten wie auch fremden Menschen eignet er sich nicht als Wachhund. Diese Hunde haben eine große Anpassungsfähigkeit, eine hoch angelegte Reizschwelle und kommen mit allen Tieren gut aus, wenn sie Gelegenheit hatten, diese kennen zu lernen. Sie können, allerdings immer unter Aufsicht von Erwachsenen, auch unkomplizierte und begeisterte Spielgefährten für Kinder sein. Egal in welche Familie ein Labrador integriert wird, er gewöhnt sich in kürzester Zeit an die Spielregeln eines geordneten Haushalts, wo er sich aktiv und fröhlich am Familienleben beteiligt. All seine positiven Eigenschaften lassen diesen Hund mehr und mehr zu einem der beliebtesten Familienhunde werden. Doch je mehr diese Hunde in Mode kommen, desto mehr skrupellose Händler

Labrador Retriever

Der Labrador Retriever zählt zu den beliebtesten Familienhunden. Schon nach kürzester Zeit hat er sich an die Spielregeln eines geordneten Haushalts gewöhnt, wo sich der freundliche und aufgeweckte Hund am Familienleben beteiligt.

wollen sich an entsprechendem Absatz niedlicher Welpen bereichern. Daher ist es es ganz besonders wichtig, einen Labrador, auch wenn dies mit etwas Wartezeit oder einem höheren Welpenkaufpreis verbunden sein könnte, nur von anerkannten VDH-Züchtern zu erwerben. Doch nicht nur als Familienhunde sind diese begabten Hunde sehr beliebt. Sie werden besonders gern als Rettungshunde, Blindenführhunde, Behindertenbegleithunde und Therapiehunde in verschiedenen Bereichen ausgebildet und sehr erfolgreich eingesetzt. Auch Polizei und Zoll bilden erfolgreich Labradore als Sprengstoff- oder Drogensuchhunde aus.

Der Labrador ist ein relativ pflegeleichter Hund. Ist das kurze Fell verschmutzt oder nass, wird er mit einem saugfähigen Tuch getrocknet und bringt nur wenig Schmutz ins Haus. Labradore sind die Wasserhunde schlechthin und wurden als St. John's Wasserhunde oder kleine Neufundländer bereits am Anfang des 19. Jahrhunderts, nachdem diese Hunde nach England gelangten, nachweislich reingezüchtet. Wahrscheinlich sind Labradore die Vorfahren der jetzigen Neufundländer. Der Labrador und der Neufundländer haben bis heute Schwimmhäute zwischen den Zehen und sind vorzügliche Schwimmer. Selbst im Eiswasser an der Küste Neufundlands waren sie schon viele Jahre Helfer der Fischer beim Fischfang und gleichzeitig zuverlässige Jagdgefährten. Sie lassen nur ungern eine Gelegenheit zu einem Bad verstreichen. Alle Erziehungsversuche, dem Labrador das Schwimmen abzugewöhnen können nicht erfolgreich sein und würden ihm einen seiner Lebensinhalte nehmen.

Regelmäßig gebürstet mit einer Gumminoppenbürste zur Massage und besseren Durchblutung der Haut erhält das Fell besonders bei den schwarzen und schokoladenfarbenen Exemplaren einen satten Glanz. Den heutigen Labrador gibt es in drei Farbschlägen: Schwarz, gelb und, wesentlich seltener, schokoladenbraun. Es ist davon auszugehen, dass der ursprüngliche Labrador ausschließlich schwarz war.

Ohne wenn und aber, um seine hervorragenden Charaktereigenschaften voll entwickeln zu können, benötigt der Labrador Retriever regelmäßigen Kontakt mit seinem Familienrudel und intensive Zuwendung – diese Rasse gehört ins Haus und niemals in den Zwinger. Darüber hinaus muss dem Bewegungsdrang und Beschäftigungsbedürfnis dieses intelligenten Jagdhundes, nachhaltig Rechnung getragen werden, damit er gar nicht erst in Versuchung gerät, seine überschüssige Energie in unerwünschten häuslichen Aktionen loszuwerden. Nur ein artgerecht gehaltener Labrador Retriever bleibt in jeder Hinsicht gesund und fit – und kann so für 12 bis 14 Jahre, manchmal sogar noch länger, das Leben seiner Menschen bereichern.

Was unterscheidet Rüde und Hündin

Persönliche Vorlieben, die Geschlechtsvertei-lung eines Wurfes und praktische Überlegungen erleichtern oft die Entscheidung, ob Rüde oder Hündin.

Wer nach der Lektüre des Rassestandards und der einführenden Erläuterungen zu der Überzeugung gelangt ist, ein Labrador Retriever sei der richtige Hund für ihn, wird sich nun die Frage nach dem Geschlecht des künftigen Hausgenossen stellen: Rüde oder Hündin? Im allgemeinen sind Labrador Hündinnen besonders anschmiegsam, ruhiger als Rüden und fast schon übertrieben freundlich. Rüden werden im allgemeinen größer und sind imposantere Erscheinungen. Natürlich sind Rüden in der Jugend sehr lebhaft und manchmal etwas überschäumend, doch wenn die Flegeljahre erst einmal durchschritten sind, werden sie ruhiger und zu treuen Gefährten. Die Frage „Rüde oder Hündin" ist oft eher eine Frage der persönlichen Vorliebe oder das Ergebnis praktischer Überlegungen. Anhängliche Schmuser und charmante Dickköpfe finden sich übrigens bei Rüden und Hündinnen gleichermaßen. Im übrigen wird man seine Entscheidung sinnvollerweise davon abhängig machen, ob im Laufe eines Jahres die zweimalige, jeweils etwa 21 Tage während Läufigkeit der Hündin oder die fortwährende Paarungsbereitschaft des Rüden mit geringeren Problemen verbunden sind. Je nach dem, ob sich unter den Hunden der unmittelbaren Nachbarschaft mehr Rüden oder mehr Hündinnen befinden, kann die Entscheidung klug sein, sich mit der Anschaffung der Mehrheit anzuschließen. Hat man nämlich den einzigen Rüden weit und breit, so kann er durch ständig sich abwechselnde Läufigkeiten der Hündinnen ganz schön durcheinander geraten. Hat man sich die einzige Hündin in einer reinen Rüdengesellschaft angeschafft, so kommt man bei der Läufigkeit der eigenen Hündin kaum unbehelligt aus der Haustür. Je nach Belieben kann man seine Entscheidung auch danach treffen ob man als Gartenfreund ausgeprägte „Brandflecke" im Rasen (Urin der Hündin) einigen angeätzten bodennahen Pflanzenästen (Urin des Rüden) vorzieht. Wer mit dem

Gedanken spielt, vorausgesetzt alle aus züchterischer Sicht wichtigen Belange sind ideal, selbst einmal Welpen aufzuziehen, der kann naturgemäß nur eine Hündin wählen. Bei einem mittelgroßen Hund, wie dem Labrador Retriever spielt sicherlich auch die Frage der körperlichen Kraft eine Rolle, denn ein ausgewachsener Rüde von kräftiger Statur ist schwieriger festzuhalten, als eine doch insgesamt zarter gebaute Hündin. Allerdings ist dieses Argument bei guter, konsequenter Erziehung hinfällig. Generell ist bei der Anschaffung eines jeden Hundes zu bedenken, ob die ihn betreuenden Personen seiner körperlichen Stärke gewachsen sind.

Wer nicht durch objektive Rahmenbedingungen festgelegt ist und keine aus welchen Gründen auch immer bestehende ausgeprägte Vorliebe für Rüde oder Hündin besitzt, sollte sich in dieser immer wieder hochgespielten Frage nicht ohne Not festlegen und in Ruhe den Wurf abwarten. Jedenfalls hat logischerweise derjenige die größte Chance, von einem angesehenen Züchter einen Labrador-Welpen zu bekommen, der sich in dieser Frage flexibel zeigt.

Bei der Kastration werden beim Rüden die Hoden entfernt. Wesentlich umfangreicher ist jedoch die Kastration der Hündin. Hier werden die Eierstöcke und Teile oder die gesamte Gebärmutter entfernt.

Viel diskutiert: Die Kastration

Oft wird dieses Thema schon bei der Anschaffung eines Welpen angesprochen. Wer sicherstellen will, dass von seinem Hund weder Nachwuchs gezeugt noch geboren werden soll und weniger Verantwortung in bezug auf seine Aufsichtspflicht übernehmen möchte, der wird vielleicht einmal ernsthaft darüber nachdenken, ob er seinen erwachsenen Labrador Retriever nicht kastrieren lässt. Dies bedeutet Hündinnen nach der zweiten oder dritten Läufigkeit, Rüden eventuell schon kurz nach der Geschlechtsreife kastrieren zu lassen. Damit kann Ihr Hund vor bestimmten Tumorarten geschützt werden. Fällen Sie Ihre Entscheidung des Zeitpunktes in Absprache mit Ihrem Züchter oder einem Tierarzt Ihres Vertrauens. Wenn Sie sich zu einer Kastration entschließen, wird Ihr Hund ein ruhigeres, ausgeglicheneres, möglicherweise sogar längeres und gesünderes Leben führen. Ihm bleiben nämlich die unausweichlichen hormonellen Stoffwechselschwankungen erspart und manche unerfreuliche Konfrontation mit Geschlechtsgenossen.

Kastrierte Hunde sind in der Regel friedlicher, ordnen sich leichter unter und bringen sich und ihre Familie nicht wegen eigener oder fremder Läufigkeit in unerwünschte Situationen.

Im übrigen sei darauf hingewiesen, dass das Kastrieren von Hunden in den USA unter der Bezeichnung „neutering" seit Jahren von angesehenen Tierschützern und Hundeexperten generell empfohlen und von den Hundehaltern auch in beachtlichem Umfang praktiziert wird. Hier in Deutschland muss es nach dem herrschenden Tierschutzgesetz eine Indikation für solch einen Eingriff geben. Diese ist zum Beispiel gegeben, wenn eine Hündin nach Läufigkeiten immer wieder starke Scheinschwangerschaften durchlebt. Bei der Kastration eines Rüden werden die Hoden entfernt, ein wenig aufwändiger chirurgischer Eingriff unter relativ kurzer Narkose. Die Kastration einer Hündin dagegen ist ein wesentlich umfangreicherer Eingriff und sollte zu einem Tiefpunkt während des Geschlechtszyklus geschehen, um wesentliche Veränderungen zu vermeiden. Es werden die Eierstöcke und Teile oder die gesamte Gebärmutter entfernt. Dadurch wird die Hündin nicht mehr läufig. Es handelt sich um eine irrige Annahme, Hündinnen würden sterilisiert werden. Dann würden nur die Eileiter durchtrennt werden und die Hündin würde trotzdem weiterhin läufig und auch deckbereit sein, ohne allerdings Welpen zu bekommen.

Doch bevor eine Entscheidung zugunsten einer Kastration gefällt wird, muss zu bedenken gegeben werden, dass ein zum Teil ganz erheblicher Prozentsatz kastrierter Hündinnen durch hormonelle Veränderungen zu Inkontinenz neigen, die in manchen Fällen nur schwer behandelbar ist. Dies bedeutet ein mehr oder weniger ständiges Urintröpfeln sowie eine starke Geruchsbelästigung nicht nur für die Besitzer. Dies ist auch äußerst unangenehm für die Hündin selbst. Kastrierte Rüden sind manchmal die „Prügelknaben" wenn mehrere Hunde aufeinander treffen und andere Rüden versuchen häufig aufzureiten. Das wird von den kastrierten Rüden oft als demütigend empfunden und es können daraus durchaus Aggressionen entstehen. Rüden wie Hündinnen können gänzlich ihre Lebhaftigkeit verlieren und zu Fettleibigkeit neigen.

Vorüberlegungen

Ein Welpe im Haus bringt so manche alte Gewohnheiten durcheinander. Deshalb sollte die Anschaffung eines Labrador Retrievers unter Einbeziehung aller Familienmitglieder entschieden werden.

Spontanentscheidungen sind bei der Anschaffung von Tieren schon im Allgemeinen höchst problematisch, bei der Anschaffung eines Hundes, insbesondere eines Labrador Retrievers, sind sie geradezu fatal.

Die Verantwortung für ein Lebewesen, das mehr als ein Jahrzehnt unser Begleiter sein soll, gebietet es sich gründlich über dessen Bedürfnisse und über die praktischen Seiten der Sicherung dieser Bedürfnisse zu informieren und eine Fülle von Vorüberlegungen anzustellen.

• Zunächst muss sich jeder angehende Hundehalter ernsthaft fragen, ob er die nötige Zeit und Bewegungsfreude für seinen Labrador aufbringen kann und ob er vor allem die nötige Konsequenz besitzt, einen solchen Hund, der als Mitglied des Familienrudels akzeptiert und respektiert werden möchte, zu erziehen. Die gesamte Familie sollte idealerweise hinter der Anschaffung eines Hundes dieser Rasse stehen, da das neue Familienmitglied einen Anspruch auf Liebe und Zuwendung, aber auch auf die Befriedigung seiner Grundbedürfnisse hat.

• Sodann wäre zu prüfen, ob das Halten des Hundes rechtlich unproblematisch ist. Wer zur Miete wohnt, benötigt, um sicher zu sein, die schriftliche Erlaubnis des Vermieters; Grundstückseigentümer sollten in Erwägung ziehen, dass der Ärger mit bösartigen Nachbarn die Freude am Labrador empfindlich stören könnte.

• Schließlich ist eine gründliche Kostenkalulation hilfreich. Hier sind der nicht eben niedrige Kaufpreis für einen Labrador Retriever-Welpen, die Hundesteuer, die Kosten einer unverzichtbaren Hunde-Haftpflichtversicherung, die Kosten für artgerechte Ernährung und Pflege sowie für regelmäßige tierärztliche Versorgung zu berücksichtigen; unter Umständen ist auch noch der Garten ausbruchsicher zu umzäunen.

Labrador Retriever

- Der Neuzugang eines Hundes wird in einem Nicht-Hunde-Haushalt auch für erhebliche Änderungen im Tagesablauf sorgen, sprich einschneidende Veränderungen mit sich bringen. Denn durch die soziale Abhängigkeit eines Welpen, der seinem neuen Besitzer am liebsten auf Schritt und Tritt folgen möchte und dem häufigen Versäubern wird von Welpenbesitzern die erste Zeit mit einem Hund sicherlich nicht fälschlich als anstrengend beschrieben.

- Zudem haart auch ein relativ kurzhaariger Hund wie der Labrador Retriever und die Wohnräume müssen wesentlich öfter gereinigt werden, als bei Nicht-Hunde-Besitzern.

- Nicht zuletzt wird die Anschaffung eine Hundes auch Ihre Wochenend- und Urlaubsplanung entscheidend beeinflussen. Den ganzen Vormittag im Bett bleiben oder der spontane Wochenendtripp werden durch die Notwendigkeit mit bestimmt, Ihren Hund Gassi führen zu müssen, ihn in den Urlaub mitzunehmen oder einen geeigneten Hundesitter zu finden.

Haben Sie einen Welpen erworben, haben Sie von nun an einen treuen Gefährten auf Schritt und Tritt. Am besten teilen Sie die neuen zusätzlichen Aufgaben im Haushalt unter den Familienmitgliedern auf.

Haben diese Vorüberlegungen zu einem positiven Ergebnis geführt, so kann man sich nun auf die Suche nach einem geeigneten Züchter machen.

Bevor Sie sich Ihren Labrador Retriever-Welpen nach Hause holen, gibt es noch eine Menge zu tun, damit sich das neue Familien-mitglied rundum wohlfühlen kann.

Einmalige Kosten

- Welpen-Kaufpreis
- Grundausstattung, Haltung und Erziehung
- Schlaf-/Ruhekorb (Kunststoff)
- Transportbox (Kunststoff) bzw. Zimmerzwinger (verzinkt)
- Korbeinlagen (waschbare Kunstfelle / Vlies)
- Fressnapf (Edelstahl/Kunststoff)
- Wassernapf (Edelstahl/Kunststoff/Steingut)
- hörbare Doppeltonpfeife
- Brustgeschirr / breites Halsband
- Leine (mind. 2 m Länge, fix oder flexibel)
- Spielzeug (kaufest)

Grundausstattung und Pflege

- Metallkamm mittelfein und fein
- Bürste mit Naturborsten
- Krallenzange
- Ohrenpflegemittel
- Zahnpflegemittel

Jährlich wiederkehrende Kosten

- Hundesteuer
- Hunde-Haftpflichtversicherung (dringend zu empfehlen)
- Impfungen und Wurmkuren
- Ernährung
- Sonstiges (z.B. Ersatz von verschlissener Grundausstattung, Medikamente, tierärztliche Behandlungen)
- eventuell Tierkrankenver-sicherung bzw. Operations-kostenversicherung

Ein guter Start ist Voraussetzung für ein glückliches Hundeleben.

Die Wahl des Züchters

Mit der Auswahl eines guten Züchters legen Sie den Grundstein für eine glückliche Zukunft.

Die Auswahl der Zuchtstätte, aus der man einen Labrador Retriever-Welpen zu erwerben wünscht, und damit die Auswahl des Züchters, ist bei einer Rasse, die so populär ist, von ungeheurer Wichtigkeit und darf nicht unterschätzt werden.

Zunächst sollte man sich an den Verband für das Deutsche Hundewesen e.V. (VDH), den Dachverband der seriösen Rassehundezuchtvereine in Deutschland, wenden, um hier vielleicht schon einige renommierte Züchter genannt zu bekommen und zu erfahren, wann und wo eine Zuchtschau stattfindet, auf der man dann Hunde und Züchter direkt kennenlernen kann. Vom VDH erhalten Sie auch Informationen über die beiden Rassehundezuchtvereine, die die Labrador Retriever Zucht in Deutschland betreuen. Dies sind der Labrador Club Deutschland e.V. (LCD)und der Deutsche Retriever Club e.V. (DRC). In beiden Vereinen gibt es Welpenvermittlungen, die Ihnen auf Anfrage Welpenlisten für den aktuellen Zeitraum zusenden.

Ein seriöser Züchter drängt Sie nicht zum Kauf. Lassen Sie sich Zeit,machen Sie mehrere Besuche beim Züchter. Wenn Sie die Welpen in Ihrer Entwicklung beobachten können, ist die Auswahl leichter, welcher Hund zu Ihnen passt, und der Welpe kann sich schon ein wenig an Sie gewöhnen.

Zudem präsentieren sich beide Vereine unter anderem auch mit diesen Informationen, die ständig aktualisiert werden im Internet. Auch Zuchtschautermine und -orte sollten Sie interessieren. Gerade auf Spezialzuchtschauen, bei denen nur Labrador Retriever oder eventuell noch weitere Retriever Rassen vorgestellt und bewertet werden, haben Sie die Möglichkeit entsprechende Kontakte zu Züchtern aufzunehmen, deren Hunde Ihnen besonders gefallen.

Ein seriöser Züchter gibt dem Interessenten Gelegenheit zu einem unverbindlichen Besuch, bei dem dann zumindest die Zuchthündin, gegebenenfalls sogar beide Elterntiere und, falls vorhanden, weitere Hunde des Züchters vorgestellt werden. Da sich der Deckrüde nur in den seltensten Fällen im Besitz des Züchters befindet, sollten Sie um Einblick in dessen Ahnentafel und Gesundheitsbefunde bitten, die in Kopie hinterlegt sind.

Labrador Retriever

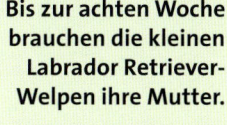

Bis zur achten Woche brauchen die kleinen Labrador Retriever-Welpen ihre Mutter.

Bei Ihrem Besuch lernen Sie auch die Art der Hundehaltung beim Züchter kennen und haben die Möglichkeit, eingehend über die Rasse und ihre Eigenheiten zu fachsimpeln, sowie einiges über die Zucht,-Prüfungs- und Ausstellungserfolge des Zwingers zu erfahren – sofern Sie sich darüber nicht schon vorher erkundigt haben. Darüber hinaus kann und sollte man beim Züchter Einsicht in die wichtigsten, den Wurf betreffenden Unterlagen nehmen: Zum Beispiel die Ahnentafeln der Eltern, deren Zuchtzulassungsunterlagen inklusive einer Wesensbeurteilung und Gesundheitscheck auf erbliche Erkrankungen. Der jeweilige Verein beauftragt einen Wurfabnahmeberechtigten oder Zuchtwart mit der Wurfabnahme ab dem 49. Lebenstag der Welpen. Hierbei wird ein Protokoll angefertigt, in welches Sie in jedem Fall Einsicht nehmen sollten, denn jeder Welpe wird auch in Hinsicht auf sichtbare erbliche Defekte beurteilt. Vor der Wurfabnahme darf kein Welpe die Zuchtstätte verlassen. Fragen Sie den Züchter nach den bisherigen Zuchtergebnissen der Elterntiere und versuchen Sie seine Motive, gerade diese beiden Hunde miteinander zu verpaaren, nachzuvollziehen. Ein wirklich passionierter Züchter stellt Ihnen seine Visionen sicherlich gern dar und lässt Sie an der Vorfreude auf oder an der Freude über diesen Wurf sicherlich gern teilhaben.

Der Züchter sollte Ihr Vertrauen haben. Während der ersten Gespräche sollte er sich genauso für Ihre Lebenssituation und Ihre Entscheidung für diese bestimmte Rasse interessieren, wie auch er Ihnen bereitwillig Auskunft über sich als Züchter geben sollte.

Labrador Retriever

Eine Garantie, dass ein Welpe sich in jeder Hinsicht, körperlich wie geistig, gesund entwickelt, kann niemand geben, denn Zucht ist nicht exakt berechenbar, aber durch sorgfältige Zuchtplanung kann der Züchter bestimmte Risiken minimieren. Stellt sich dann noch heraus, dass der Züchter vor seiner Zusage die Interessenten und ihre persönlichen Lebensumstände genau kennenlernen will und es ablehnt, einen Welpen jemandem Unbekannten mitzugeben oder sogar zu verschicken, und besteht er darauf, dass der Welpe zwischen der achten und zehnten Woche persönlich abgeholt wird, wobei er bis dahin regelmäßig nach Absprache „besucht" werden darf, so spricht einiges dafür, dass man hier getrost einen Welpen kaufen kann. Sollten Sie das Glück haben, einen Züchter zu finden, der sich die Mühe gibt, Sie vielleicht in Form von Schulungen oder Seminaren auf den Umgang mit Ihrem neuen Hausgenossen vorzubereiten, Ihnen Tipps zur Pflege und Gesundheitsvorsorge gibt, und Ihnen auch nach dem Kauf des Welpen zumindest beratend zur Seite stehen will, dann sind Sie sicherlich an der richtigen Adresse.

Schon beim ersten Kennenlernen des Züchters ist es sinnvoll, frühzeitig zu erkennen zu geben, ob der Welpe als Haushund, Jagdhund oder zu Zucht- und Ausstellungszwecken erworben werden soll, denn erfahrene Züchter können recht gut beurteilen, wozu sich ein Welpe eignen wird. Denken sie aber nicht, dass es Hunde erster und zweiter Klasse gibt. Wer mit seinem Hund an Ausstellungen teilnehmen oder später züchten will, setzt einfach andere Schwerpunkte bei der Auswahl als jemand, der seinen Labrador jagdlich führen oder als Familienhund halten will.

Auch die örtlichen Gegebenheiten der Zuchtstätte sind von nicht untergeordneter Bedeutung. Da Labrador Retriever zu Menschen ein besonderes Vertrauensverhältnis aufbauen, muss der Bezug zum Menschen ständig gefördert werden. Schon früh soll durch Streicheln und Hochnehmen aus der Wurfkiste durch der Mutterhündin vertraute Personen, das Vertrauen der Welpen zum Menschen geweckt werden. Damit dies möglich ist, ist es erforderlich, dass die Hündin mit ihren Welpen im Haus lebt. Der ständige Umgang und die positiven Erfahrungen mit unterschiedlichen Menschen, die Geräusche der täglich benutzten Geräte wie Staubsauger, Radio, Küchenmaschinen, sowie Stimmengewirr und vieles mehr bereiten den Welpen auf sein neues Umfeld vor. Die etwas älteren Welpen ab der 5. Lebenswoche sollen zusätzlich auch Erfahrungen außerhalb des Hauses machen dürfen. Ein großer „Abenteuerspielplatz" im Garten mit vielen Spielmöglichkeiten und unterschiedlichen Bodenbeschaffenheiten, Möglichkeiten zum Verstecken und Platz für Verfolgungsspiele ist für die gesunde psychische und physische Entwicklung jedes Welpen sehr förderlich.

CHECKLISTE „ZÜCHTER"

Können alle Fragen mit „ja" beantwortet werden ?

- Ist der Züchter Mitglied im rassebetreuenden VDH-Verein, LCD oder DRC?

- Lehnt es der Züchter ab, ohne den Käufer persönlich zu kennen eine telefonische Verkaufszusage zu geben?

- Besteht der Züchter darauf, vor einer Verkaufszusage die Interessenten persönlich kennenzulernen?

- Erbittet der Züchter vor seiner Zusage von Ihnen umfassende Informationen über Sie, Ihre Familie und Ihre Lebensverhältnisse?

- Zeigt sich der Züchter auf Fragen eines Welpeninteressenten informationsbereit?

- Hält der Züchter seine Hunde im Haus oder im Zwinger?

- Hat der Züchter nur so viele Hunde, dass jeder einzelne die notwendige Zuwendung erhält – und leben auch ältere Hunde bei ihm?

- Hat der Züchter gleichzeitig nur so viele Welpen, dass die Betreuung und Sozialisierung jedes einzelnen gewährleistet ist?

- Ist am Verhalten der Hunde zu erkennen, dass der Züchter ein enges Verhältnis zu seinen Hunden hat?

- Ist die Umgebung der Hunde hygienisch und sauber; ist zu erkennen, dass regelmäßig gereinigt wird?

- Macht die Mutterhündin einem gesunden und agilen Eindruck?

Kann der Züchter folgende Dokumente vorlegen:

Die Zuchtzulassungsunterlagen
der Elterntiere:

• die Zwingerschutzkarte (VDH)

• das Zwingerbuch

• den Wurfabnahmeschein/
  das Zuchtwartprotokoll

• eine Ahnentafelkopie
  (und ein Foto) des Deckrüden

• ordnungsbehördliche Genehmigung
  nach § 11 b Tierschutzgesetz

• Haben die Elterntiere einen Wesens-
  test oder eine Beurteilung des
  Wesens erfolgreich bestanden?

**... so spricht einiges dafür,
dass der Züchter verantwortungsbewusst
und vertrauenswürdig ist.**

- Bin ich finanziell in der Lage, die gesamten Kosten der Hundehaltung auf Dauer zu tragen?

- Habe ich bedacht, dass die Entscheidung zum Kauf eines Labrador auch bedeutet, für 12 bis 15 Jahre Verantwortung für ein Lebewesen zu übernehmen?

- Wird die Entscheidung von allen Familienmitgliedern, vor allem vom Haushaltführenden, getragen, und hat niemand gesundheitliche Bedenken (Hundehaarallergie)?

- Bin ich in der Lage, einen mittelgroßen Hund mit Liebe, Geduld und Konsequenz zu erziehen?

- Sind für den Urlaub das Mitnehmen oder die Betreuung des Hundes gesichert?

- Kann sich wenigstens ein Familienmitglied täglich mehrere Stunden um den Labrador kümmern, und ist der Hund während des Tages nicht regelmäßig mehrere Stunden allein?

- Ist in meiner Mietwohnung das Halten von Hunden erlaubt? Oder bin ich bereit, meinen Garten ausbruchsicher zu umzäunen (ca. 120 cm hoch mit „Grabeschutz" versehen), ihn hundegerecht (giftfrei) zu bepflanzen und Abschied vom „englischen" Rasen zu nehmen?

- Bin ich bereit, dem Hund regelmäßig die erforderliche mehrstündige Bewegung zu verschaffen?

Die erste Frage von Welpeninteressenten betrifft in der Regel die Farbe der Welpen. Da sogar innerhalb eines Wurfes die drei verschiedenen Farbvarianten vorkommen können, wobei schwarz in der Regel dominiert, ist die Auswahl eines Welpen nach der Farbe in erster Linie eine Frage des persönlichen Geschmacks. Doch sollte nicht vergessen werden, dass immer der Hund unter dem Fell zählt. Die Auswahl der Welpen wird von Labrador Retriever Züchtern unterschiedlich gehandhabt. Da sich Körperbau und Wesen ja erst nach und nach herauskristallisieren, ist es bei Labradoren erst nach sechs bis sieben Wochen möglich, sie in Hinblick auf ihre zukünftige Entwicklung recht zuverlässig zu beurteilen. Ein Züchter, der für sich selbst einen Welpen behält, wird seine Welpen in der Regel erst in etwa diesem Alter verbindlich an seine Interessenten vergeben. Wenn Sie die Welpen (so oft wie irgend möglich) besuchen, sollten Sie Ihr Augenmerk besonders auf folgende Punkte legen: Ein Labrador-Welpe muss im Alter von sechs Wochen die typischen Verhaltensmerkmale der Rasse ganz ausgeprägt zeigen, das heißt, er muss sich zutraulich, freundlich und neugierig zeigen und munter mit seinen Wurfgeschwistern spielen; fremden Personen begegnet er ohne

Scheu und seine Augen glänzen. Ein guter Hund ist willig in allem, was der Mensch mit ihm tut, voller Energie, Neugierde und Selbstvertrauen. Ängstlich quäkende, furchtsame und verschreckte Welpen sind wesensmäßig völlig untypisch und versprechen sich zu verhaltensgestörten Hunden zu entwickeln.

In diesem Zusammenhang kann auch die hohe Wahrscheinlichkeit, dass es sich angesichts der Wesensfestigkeit der Rasse im Zweifel um erworbene – und somit noch korrigierbare – und nicht um angeborene Wesensmängel handeln dürfte, kein Grund sein, einen solchen Befund auf die leichte Schulter zu nehmen. Im übrigen ist festzustellen: Wenn alle Welpen eines Wurfes einen gesunden, kräftigen Eindruck machen und keine Verhaltensauffälligkeiten zeigen, kann es letztlich auch Gefühlssache sein, für wen man sich entscheidet. Für den Fröhlichsten, den Aktivsten, den selbstbewusst Zurückhaltenden – oder wer sonst gerade Liebe auf den ersten Hundeblick ausgelöst haben mag. Auch bei der Auswahl Ihres Welpen gilt: Gleich und gleich gesellt sich gern. Somit lassen Sie Ihrer spontanen Zuneigung ruhig freien Lauf, besonder wenn Sie Ihren Labrador-Welpen für sich und Ihre Familie aussuchen. Lassen Sie sich jedoch nicht dazu hinreißen, aus Mitleid vielleicht den schwächsten Welpen zu kaufen und halten Sie sich auch fern von kränklichen Hunden. Sie werden Ihre Entscheidung – so großherzig sie im Moment vielleicht auch vorkommt – schnell bereuen, wenn die ersten höheren Tierarztrechnungen bezahlt werden müssen, oder sich die Erziehung eines wesensmäßig schwierigen Hundes als eine schier unlösbare Aufgabe präsentiert.

Sogar innerhalb eines Wurfes können die drei Fellfarben schwarz, schokolade und gelb vorkommen; wobei schwarz immer die dominierdende Farbe ist. Die Auswahl des Labrador-Welpen nach der Fellfarbe ist persönliche Geschmackssache.

Labrador Retriever

Die folgenden Punkte sollen Ihnen helfen, einen körperlich fitten Welpen zu finden. Die Entwicklung eines Hundes lässt sich zwar nie genau vorbestimmen, dennoch zeigt die Erfahrung, welche Fehler sich beim Welpen noch auswachsen können und welche mit ziemlicher Sicherheit auch beim erwachsenen Hund noch Probleme bereiten werden.

- Die Pigmente sind je nach Farbschlag unterschiedlich: Schwarz beim schwarzen Labrador, braun beim schokoladenfarbenen Labrador und dunkle Augen und eine schwarze Nase beim gelben Labrador.

- Fehlerhafte Proportionen und Winkelungen werden sich niemals ganz auswachsen. Steile Schultern und mangelhafte Hinterhandwinkelung werden auch durch die beste Muskelentwicklung nicht zum Verschwinden gebracht. Ein zu kurzer Hals und eine zu tief angesetzte Rute ergeben auch später keine ideale Oberlinie und auch ein zu schmaler Fang verwächst sich nicht unbedingt.

- Eine fehlerhafte „Chippendale"-Front wird sich in keiner Entwicklungsphase mehr korrigieren, und zierliche Pfoten mit schlecht gepolsterten Ballen bessern sich in aller Regel auch nicht mehr. Ein zu schmale, dünne Rute wird nicht mehr zur erwünschten Otterrute.

- Ein wohlgeformter Kopf ist für den Labrador wichtiges Merkmal. Ein keilförmiger Kopf oder ein langer Kopf mit schmalem Fang wird auch beim erwachsenen Hund nicht korrekt werden.

- Fast schwarze Augen werden zu den erwünschten dunkelbraunen, gelbe Augen dunkeln nicht mehr nach und sind fehlerhaft.

- Ein im Welpenalter bestehender leichter Rückbiss kann sich durchaus noch zu einem korrekten Scherengebiss herausbilden, ein Vorbiss hingegen wird sich im Zweifel eher noch verstärken als zu einem korrekten Schluss führen. Bei der Begriffsverwendung ist zu beachten, dass bei Hunden immer vom Unterkiefer ausgegangen wird.

- Das Fell ist dicht und lässt keinesfalls Haut durchschimmern. Es ist kurz und die Haut darunter ist rosarot oder dunkel pigmentiert und niemals schuppig oder gerötet.

- Der Körper ist kompakt mit tonnenförmigem Brustkorb und wenig Taille. Der Welpe ist gut genährt, seine Bauchdecke fest aber nicht aufgebläht.

Bei der Welpenauswahl gilt es bestimmte Charakter- und Körpermerkmale zu beachten.

Labrador Retriever

Sie haben sich für einen Labrador Retriever hoffentlich nicht nur aufgrund seines Aussehens entschieden, sondern im besonderen Maß, weil Ihnen sein Charakter gefällt. Auch wenn Labrador Retriever heute nicht nur ein sehr einheitliches Erscheinungsbild, sondern auch bestimmte rassetypische Charaktereigenschaften aufweisen, sollten Sie folgendes unbedingt beachten:

In jedem Wurf (einer jeden Rasse!!) ist jeder einzelne Welpe ein Individuum, das im Rahmen des Rassetypischen ganz individuelle Wesensmerkmale und Verhaltensweisen hat. Schon beim Welpen sind deutliche Anzeichen dafür erkennbar, ob er sich zu einem dominanten, unabhängigen, liebenswürdig-anpassungsfähigen, unterwürfigen, verspielten oder ängstlichen Hund entwickeln wird. Jeder Welpenkäufer muss bei der Entscheidung für seinen Welpen also sehr sorgfältig darüber nachdenken, ob die jeweilige kleine Hundepersönlichkeit, mit der man in der Regel weit mehr als ein Jahrzehnt zusammenleben wird, zu den familiären und häuslichen Verhältnissen und zum persönlichen Lebensstil und den liebgewordenen Lebensgewohnheiten passt. Lässt ein Züchter schon im Alter von wenigen Tagen oder Wochen den Welpenkäufer frei aussuchen, so werden die Welpen meistens nach äußeren Auffälligkeiten bewertet, um sie einfacher von ihren Wurfgeschwistern unterscheiden zu können. Da verliebt sich jemand in den Größten oder Kleinsten, jeder will vielleicht den einzigen Schokoladenbraunen oder Dunkelsten haben usw. Doch es ist noch lange nicht gesagt, dass der Kleinste dies auch weiterhin bleibt, manchmal trift genau das Gegenteil ein. Ganz sicher ist es wesentlich sinnvoller, den Welpen gemeinsam mit dem Züchter auszusuchen und dabei die des Welpen persönlichen Belange und sein Temperament genau zu berücksichtigen. So wird ein Welpe von herausragender Zucht-Qualität recht sicher zu einem potentiellen Aussteller kommen, ein leicht erziehbarer, nicht dominanter Hund, der viel Aufmerksamkeit und Zuwendung erwartet, wird sein neues Zuhause eher bei einer älteren Person in ruhigen Lebensverhältnissen finden.

Ein durchsetzungsstarker Single, der genügend Zeit hat, sich intensiv um seinen Hund zu kümmern, wird sicherlich viel Spaß mit einer dominanten Hundepersönlichkeit haben; für eine Familie mit kleinen Kindern ist ein dominanter Hund im Zweifel ein echtes Problem. Hier ist ein ausgeglichener, gehorsamer und spielfreudiger Hund gefragt. Diese Empfehlungen durch den Züchter können allerdings erst relativ kurz vor Abgabe der Welpen ausgesprochen werden, da sich Temperament und Charakter erst nach und nach entwickeln.

In diesem Zusammenhang sei nochmals darauf hingewiesen, dass ein Labrador-Welpe niemals ängstlich oder aggressiv sein darf, selbst wenn fast alles dafür sprechen sollte, dass es sich nicht um ererbte, sondern um erworbene Verhaltensauffälligkeiten des Welpen handelt: Lassen Sie die Finger von einem solchen Welpen – wie niedlich er auch sonst sein mag!

Im übrigen wird ein erfahrener und verantwortungsbewusster Züchter auf Grund seiner gründlichen Kenntnisse des Wesens und des Verhaltens eines jeden Welpen in der Lage sein, einem Interessenten zu sagen, welcher Welpe zu ihm passt.

Wer einen Welpen sucht, der später jagdlich geführt werden soll und die typischen Retriever Eigenschaften besonders ausgeprägt zeigen muss, kann, wie auch der Welpe, der später als Blindenführhund oder Behindertenbegleithund einem Menschen das tägliche Leben erheblich erleichtern soll, durch spezielle Tests leichter herausgefunden werden. Im Zweifel ist es immer am besten, wenn der Züchter sich durch gezielte Beobachtungen über die individuellen Wesenseigenschaften seiner Welpen informiert.

Labrador- Welpen dürfen niemals ängstlich oder aggressiv sein.

Labrador Retriever

Die Zuchtordnung des VDH verbietet aus guten Gründen die Abgabe eines Welpen vor der vollendeten achten Lebenswoche.

Um den Sinn dieser Bestimmung voll verstehen zu können, ist es erforderlich, sich mit dem aktuellen Stand der ethologischen Erkenntnis (Ethologie = Verhaltensforschung) über die Verhaltensentwicklung des Hundes im Welpen- und Junghundalter vertraut zu machen.

Im Welpen- und Junghundealter durchläuft ein Labrador Retriever nämlich mehrere Entwicklungsphasen. Genauere Kenntnis darüber fördern eine artgerechte Aufzucht, Erziehung und Haltung außerordentlich.

Nach PETRI ist ein „...erwachsener Hund das Ergebnis des Zusammenwirkens von angeborenen – also ererbten – Anlagen und der auf diese Veranlagung einwirkenden Umwelteinflüsse während der Jugendentwicklung." Das heißt praktisch: Die beste Ahnentafel ist nichts wert, wenn ein Hund seine Jugendentwicklung unter ungünstigen Bedingungen erlebt; selbstverständlich kann umgekehrt eine schlechte Veranlagung auch nicht durch beste Lebensbedingungen kompensiert werden. Daraus ergeben sich folgende Schlüsse:

• Jeder Erwerber eines Retrievers sollte wissen, worauf er in welcher Entwicklungsphase des Welpen beim Züchter zu achten hat, – nicht zuletzt, um zu verstehen, warum seriöse Züchter in welcher Entwicklungsphase der Welpen was tun.

• Jedem Halter, insbesondere, wenn er es mit der Erziehung und Ausbildung seines Labrador Retrievers ernst meint, sollte bekannt sein, wo und wie er in welcher Entwicklungsphase mit seinen Bemühungen anzusetzen hat.

• Jeder potentielle Züchter sollte ermessen können, welche Verantwortung mit der Aufzucht eines Wurfes auf sich nimmt und welche Aufgaben er in welcher Entwicklungsphase der Welpen zu erfüllen hat.

CHECKLISTE „WELPE"

- **Ist der Welpe wohlgenährt und kräftig?**

- **Verhält sich der Welpe**
  - unauffällig
  - zurückhaltend
  - verspielt
  - *aggressiv*
  - selbstbewusst
  - freundlich
  - dominant
  - *ängstlich*

- **Hat der Welpe**
  - kurzes, festes Haar
  - fülliges, weiches, wolliges Haar
    (besonders pflegeintensiv, nicht standardgerecht)

- **Hat der Welpe**
  - korrekte Körperproportionen und Winkelungen?
  - gerade Läufe und kräftige Knochen?
  - die richtigen Schädelproportionen
    und keinen Apfel- oder Toykopf?
  - eine korrekte Rute
    (keine Stummel- oder Knickrute)
  - einen korrekten Gebissschluss
    (keinen Vor-, Rück- oder Kreuzbiss?)
  - sind beim Rüden bereits beide Hoden
    im Hodensack zu fühlen.

1. und 2. Woche (Vegetative Phase)

In der vegetativen Phase besteht der wesentliche Lebensinhalt eines Welpen aus Trinken und Schlafen. Der Geruchssinn ist noch nicht vollkommen ausgebildet, die Augen sind noch geschlossen, die Ohren aufgrund der geschlossenen Gehörgänge noch nicht in Funktion, so dass sich der Welpe vornehmlich mit seinem Wärmeempfinden und seinem Tastsinn orientiert.

Ein kräftiger Welpe muss seinen verhältnismäßig großen und schweren Kopf einwandfrei hochheben und so zum Gesäuge der Hündin vorstoßen können. Ein kräftiges Abstemmen mit den Hinterläufen und ein mit beiden Vorderpfoten im Wechsel ausgeführter Milchtritt beim Saugen, lang anhaltende Lautäußerungen und kreisförmig zur Nahrungs- und Wärmequelle zurückführende zügige Kriechbewegungen sowie das Kontaktliegen mit Wurfgeschwistern gehören zu den Aktivitäten die Sie beobachten können in dieser Phase.

Schon jetzt kann die Hand des Menschen positiven Kontakt herstellen, wenn Sie mit dem Welpen kuscheln und ihn streicheln.

3. Woche (Übergangsphase)

Zu Beginn der Übergangsphase – beim Labrador Retriever in der Regel vom 12. Lebenstag an – öffnen sich die Augen und die äußeren Gehörgänge, wobei Sehfähigkeit und Gehör sich erst in den folgenden Tagen nach und nach richtig ausbilden; gleiches gilt für den Geruchssinn.

Mit ihren nunmehr funktionsfähigen Sinnesorganen beginnen die Welpen, zu ihren Geschwistern intensiv Kontakt aufzunehmen, zu spielen und ihre Umwelt zu erkunden. Er nimmt durch das Saugen an den Fingern des Menschen Kontakt auf, reagiert im Reflex auf ein sanftes Kitzeln der Mundwinkel mit einem herzhaften Gähnen und vollführt, an die menschliche Wange gehalten, bei entsprechender Vertrautheit sogar den „Mundwinkelstoß", den er bei der Mutterhündin zu praktizieren pflegt.

In diesem Stadium der Übergangsphase muss auch die Kontaktaufnahme zwischen Mensch und Welpe intensiviert werden. Der Welpe erkundet nämlich jetzt auch „seine" Menschen. Um sicherzustellen, dass der Welpe später als erwachsener Hund durch akustische Einflüsse nicht zu beeindrucken ist, empfiehlt es sich dringend, bereits am Ende der Übergangsphase zeitweilig und regelmäßig für eine gewisse Geräuschkulisse zu sorgen. Dies kann, neben der direkten Ansprache, durch normalen Haushaltslärm oder auch durch den eingeschalteten Radio geschehen.

4. bis 7. Woche (Prägungsphase)

In der Prägungsphase erfolgen die entscheidenden Weichenstellungen für die Entwicklung des Welpen zu einem aufgeschlossenen, lernfähigen und verhaltenssicheren Hund. NIcht nur die Sinnesorgane sind nun vollständig ausgebildet, auch die motorischen Fähigkeiten verbessern sich von Tag zu Tag.

Der Welpe beginnt nun seine Umwelt zu erkunden. Er verlässt das Wurflager zu selbstständigen kleinen Ausflügen und verfolgt mit gespannter Aufmerksamkeit alle Bewegungen in seiner Umgebung, die er auch mit Hilfe der sich rasch entwickelnden Zähne untersucht. Neugier und Lerntrieb werden vom Welpen voll ausgelebt. Er äußert bereits deutlich sicht- und hörbar seine Reaktionen auf Umwelterfahrungen durch Schwanzwedeln, Sträuben des Fells, Anlegen der Ohren oder Knurren.

Der Welpe muss in der Prägungsphase also auf seine Artgenossen und auf den Menschen geprägt werden. Die Prägung des Welpen auf seine Artgenossen erfolgt durch die Entwicklung in der Rudelgemeinschaft mit der Mutter, den Wurfgeschwistern, und, wenn irgend möglich, durch weitere Artgenossen, wobei anderen, selbst bestens sozialisierten Hündinnen und insbesondere Rüden für das Lehren und Lernen des Sozialverhaltens unter Artgenossen eine hervorragende Bedeutung zukommt.

Für die Vorbereitung auf das Leben in einer menschlichen Rudelgemeinschaft ist es unerlässlich, dass durch täglich mehrstündige, liebevolle und intensive Kontaktpflege durch den Züchter und nach Möglichkeit auch seiner Familienangehörigen und Besuchern jeder Altersgruppe das Vertrauen des Welpen zum Menschen aufgebaut wird, damit aus ihm ein selbstbewusster, kontaktfreudiger und unerschrockener Hund werden kann. Hat es einem Welpen bis zur achten Lebenswoche an dem notwendigen menschlichen Kontakt gefehlt, so wird aus ihm mit an Sicherheit grenzender Wahrscheinlichkeit ein Hund werden, der zeitlebens eine gewisse Menschenscheu nicht ablegt.

Gleichermaßen ist wichtig, dass der Labrador-Welpe während dieser entscheidenden Entwicklungsphase nicht aus seinem „Welpenrudel" entfernt wird, weil dies eine mangelnde Prägung auf andere Hunde und damit ein mit hoher Wahrscheinlichkeit gestörtes Sozialverhalten des erwachsenen Hundes gegenüber seinen Artgenossen bewirken würde. Übernehmen Sie deshalb nie einen Welpen bevor er acht Wochen alt ist.

Überdies wird ein verantwortungsbewusster Züchter die doch recht kurze Zeitspanne der Prägungsphase nutzen, um Unterschiede in der Veranlagung seiner Welpen erkennen zu können – und damit in der Lage zu sein, für die unterschiedlichen Hundecharaktere die richtigen „guten Hände" zu finden und gegebenenfalls Ratschläge über einen möglichen Einsatz als Gebrauchshund zu geben.

Bis zur achten Woche muss das Vertrauen des Welpen zum Menschen aufgebaut werden, damit aus dem Welpen ein freundlicher selbstbewusster und kontaktfreudiger Hund werden kann. Dabei darf er jedoch nicht von Mutter und Rudelgeschwistern getrennt weden.

Eine junge Labradorhündin hat Wasser entdeckt und versucht sogleich irgendwie in dieses zu gelangen.

8. bis 12. Woche (Sozialisierungsphase)

In der Sozialisierungsphase werden von den Welpen im Rudel schon deutlich gemeinschaftsbildende Verhaltensweisen eingeübt. Das bedingt aber, dass gleichzeitig die Sozialisierung des Hundes mit dem Menschen ausgebaut werden muss, damit die soziale Bindung an die Artgenossen nicht stärker wird als die zum Menschen. Ab ca. der siebten bis achten Woche ist üblicherweise zu beobachten, dass die Welpen wie auch die Mutterhündin den vorher sehr engen Kontakt lockern – die Welpen werden unabhängig.

Die Labrador-Welpen gehen mit der Gruppe, in der sie sich noch geborgen fühlen, gemeinsam auf Entdeckungen aus, sie verständigen sich durch Blickkontakt und Spannungsübertragungen, ob sie in einer Situation mutig verharren oder davonlaufen sollen, sie unterstützen sich wechselseitig, – fechten aber in immer häufigeren „Rangordnungs- oder Beutespielen" spielerische Rangordnungen aus. Ein weiteres sichtbares Zeichen der wachsenden Unabhängigkeit ist, dass die Hündin ihren Welpen beibringt, Abstand zu halten. Muttermilch ist nicht mehr je nach Lust und Laune des Welpen zu erreichen, sondern wird nur noch begrenzt angeboten oder die Welpen werden sogar gänzlich entwöhnt. Der Welpe lernt, den Individualabstand anderer Lebewesen zu respektieren. Erwachsene Hunde unterbrechen ein zu freches in die Rute beißen mit einem heftigen, aber harmlosen Abschnappen und weisen damit den Welpen in seine Grenzen.

Leben andere gut sozialisierte Hunde mit im Züchterhaushalt, so übernehmen diese die weitere Betreuung der Welpen fast gänzlich. Die Welpen haben nun eine natürliche Bereitschaft, sich auf eine neue, enge Sozialpartnerschaft einzulassen. Dies ist der ideale Zeitpunkt zur Abgabe des Welpen an seine neuen Bezugspersonen, in sein neues Zuhause.

Es ist in dieser Phase wichtig, dass die Welpen an vielen Stunden des Tages engen und direkten Kontakt zu vertrauten Menschen haben. Mitten zwischen den Welpen wird gesessen, gestanden und gegangen, die Welpen werden gestreichelt und zum Nachfolgen animiert. Auch kann ein einzelner Welpe für einige Minuten aus der Gemeinschaft entfernt werden. In dieser kurzen Zeit können wir ihm mit einem munteren Spiel oder zärtlichem Körperkontakt die Basis für ein vertrauensvolles Verhältnis zum Menschen geben.

Aus diesen Welpenspielen heraus sollte der Mensch spielerisch seine Erziehungsmaßnahmen entwickeln, um so die Grundlage für eine funktionierende Mensch-Hund-Partnerschaft zu legen. Der Welpe lernt Dinge zu tun, die ihm unnatürlich sind: Durch eine Leine an den Menschen gebunden zu sein, in jeder Situation auf Zuruf zu kommen – was sich für ihn immer „lohnen" sollte und viele weitere Regeln, worunter auch solche sind, dass er bestimmte Dinge, die er gern tun würde, unterlassen muss: Zum Beispiel Tapeten abzuziehen, Tischbeine anzuknabbern, Fahrradfahrer verfolgen und vieles mehr. Im Zusammenleben von Menschen und Hunden müssen Regeln aufgestellt und eingehalten werden, sonst kann eine Partnerschaft nicht funktionieren. Ein Welpe muss sowohl im Hunderudel als auch in der Mensch-Hund-Partnerschaft lernen, Autorität zu respektieren, denn antiautoritär „erzogene" Hunde werden in der Regel unerträglich.

13. bis 16. Woche (Rangordnungsphase)

In der Rangordnungsphase kommt den erzieherischen Einflüssen eine wiederum besondere Bedeutung zu. Wie oben erwähnt, müssen in der Mensch-Hund-Partnerschaft nun feste Spielregeln gelten. Unser Hund soll uns als vertrauten, ranghöheren Partner empfinden. Der Mensch achtet seinen Freund Hund und muss lernen, sich diesem verständlich zu machen, denn beide Seiten sprechen unterschiedliche Sprachen.

In der Rangordnungsphase lernt unser Hund, zu uns das nötige Vertrauen aufzubauen und sich freudig danach zu richten, was wir von ihm wünschen. Immer wieder allerdings wird er mittels Ungehorsam die Frage stellen, ob denn nun immer alles exakt so wie vom Hundeführer gewünscht ausgeführt werden muss. Der Mensch wird durch seine Konsequenz jeweils mit klarem „Ja" antworten und damit die Rangordnung stabilisieren.

Durch gemeinsames Spielen, sich vor dem unaufmerksamen Hund verstecken und dem häufigen Wiederholen von bekannten Übungen, wie „Bleiben", „Sitzen" und „Herankommen" mit viel Lob und ebenso vielen Leckerlies, lernt der junge Hund, wie wichtig es für ihn ist, sich uns anzuschließen. Es folgen schwierigere Apportierübungen, vielleicht das Erlernen des Fährtensuchens und das Suchen versteckter Personen. All das geschieht mit viel Spaß und positiver Verstärkung. Damit können in dieser Entwicklungsphase die Weichen für eine vertrauensvolle Partnerschaft auf Dauer positiv gestellt werden

5. bis 6. Monat (Rudelordnungsphase)

In der Rudelordnungsphase ist der Junghund besonders leicht erziehbar und aufnahmebereit. Er möchte viel lernen, seinen Menschen gefallen und wird ihm gestellte Aufgaben schon mit großer Konzentration meistern und dazu einladen, ihn weiter zu fördern und zu fordern.

Er sollte jetzt die ersten Vorstufen der Ausbildung erhalten, die seinem geplanten Ausbildungsziel dienen. Sollte dergleichen nicht geplant sein – bei einem „nur Familienhund" ist das oft die Regel und die Erwartungen an das Erlernen oder Ausbauen besonderer Fähigkeiten ist leider gering –, so ist es in dieser Phase dringend geboten, dem Hund irgend etwas anderes beizubringen, - und wenn es denn „Kunststückchen" wären, wie zum Beispiel das tägliche Hereintragen der Zeitung, Pfötchen geben oder durch einen Reifen zu springen. Wer diese Phase ausgeprägter Lernbereitschaft des Hundes untätig verstreichen lässt, hat hier – nach der Prägungsphase – die zweite große Möglichkeit genutzt, einen intelligenten und lernwilligen Hund verblöden zu lassen. Außerdem lehrt die Erfahrung, dass auch ein gutmütiger, aber unterforderter Hund durchaus zu Aggressionen neigen kann.

7. bis 12. Monat (Pubertätsphase)

In der Pubertätsphase, deren Länge individuell höchst unterschiedlich ist, und bei einem „Spätentwickler" erst mit 14 Monaten abgeschlossen sein wird, kann der junge Hund noch einmal zu einem „halbstarken Rowdy" werden, der nur mit Einfühlungsvermögen und Konsequenz dazu zu bringen ist, sich wie vorher an die aufgestellten Spielregeln des Zusammenlebens strikt zu halten.

Ihr Hund scheint nahezu alles vergessen zu haben, was er bisher völlig sicher beherrscht hat und bringt seine Menschen damit ab und zu an den Rand der Verzweiflung. Der einzige Trost dabei ist – jeder Hund macht diese Phase (mehr oder weniger intensiv) durch. Seien Sie darauf gefasst, dann lässt es sich leichter nehmen. Der Verlauf dieser Phase lässt aber auch gewisse Rückschlüsse darauf zu, wie gekonnt die menschliche Einflussnahme in den vorausgegangenen Entwicklungsperioden war. Denken Sie aber nicht, dass alles verloren ist, wenn Ihr Hund ein paar unangenehme oder ungewollte Eigenschaften entwickelt hat. Eine konsequente Erziehung ist auch hier die Lösung Ihrer Probleme.

Auch dieser niedliche Welpe möchte und soll noch viel lernen.

Übernahme des Welpen

Vorbereitungen zu Hause

Nachdem Sie sich für den Kauf eines Welpen entschieden haben, müssen Sie viele Vorbereitungen zu Hause treffen, bevor Sie Ihren Welpen vom Züchter abholen können. Als erstes besorgen Sie die notwendige Grundausstattung im Fachhandel, danach geht es an die Vorbereitungen in Ihrem Zuhause, das bald auch das Zuhause Ihres neuen Familienmitglieds sein wird.

Ihr Hund benötigt einen Schlaf- und Ruheplatz und einen Platz, an dem er gefüttert wird und an dem sein Wassernapf steht. Sie müssen sich Gednken machen, in welchen Räumen sich Ihr Hund aufhalten darf und müssen Ihre Wohnung, Ihr Haus und gegebenenfalls Ihren Garten „hundesicher" machen, das heißt, alle für ihn giftigen Stoffe außerhalb seines Aktionsradius bringen. Beginnen wir mit den Vorbereitungen bei seinem Schlaf- und Ruheplatz!

Schlaf- und Ruheplatz

Ihr Hund braucht einen Schlaf- und Ruheplatz. Am geeignetsten ist ein Körbchen oder eine Box. Beide sollten durch waschbare Decken und Spielzeug bequem und interessant gemacht werden. Zusätzlich können Sie dem Welpen ein Spielzeug oder eine Decke seiner Zuchtstätte mit hineinlegen, an dem der Geruch seiner Familie hängt. Dies wird das Heimweh der ersten Nächte lindern.

Meist hat der Hund nur einen festen Platz in der Wohnung. Dieser liegt idealerweise in einem Bereich, an den sich der Hund ungestört zurückziehen kann, von dem aus er aber auch einen Überblick über die Familienmitglieder und das Geschehen in der Wohnung hat. Richten Sie einen getrennten Schlaf- und Ruheplatz ein, kann der Schlafplatz etwas abgelegener liegen. Der Ruheplatz sollte sich in einem ruhigen, aber bewohnten Zimmer befinden.

Fress- und Wasserplatz

Da Ihr Hund beim Wassertrinken und Fressen immer etwas Dreck machen wird, richten Sie seinen Fressplatz am besten in einem gut zu reinigenden Raum, beispielsweise der Küche, ein. Während der Mahlzeiten muss Ihr Hund an seinem Platz ungestört und in Ruhe fressen können. Die Mahlzeiten sind eine Zeit der Ruhe. Jede Aufregung fördert Verdauungsstörungen und schadet so direkt der Gesundheit des Hundes. An diesem Platz darf er den ganzen Tag an sein Wasser.

Abgrenzen der Räume

Wenn Ihr Hund nicht in alle Räume der Wohnung oder alle Bereiche des Hauses darf, müssen Sie entweder die Türen immer geschlossen halten, oder Sie grenzen die Räume mit Welpengittern ab. Diese können Sie im Fachhandel erwerben.

Welpen- und Hundesicherheit

Auf Ihren Hund lauern viele Gefahren, derer Sie sich vielleicht gar nicht bewusst sind. Versuchen Sie, die Welt durch die Augen eines Hundes zu sehen und beseitigen Sie alle potentiellen Gefahren für die Gesundheit Ihres Hundes. Dabei können Sie ähnliche Maßstäbe ansetzen, die Sie auch bei einem kleinen Kind heranziehen würden. Ihr Hund kennt Ihre Welt und deren Gefahren nicht. Er kennt keinen Strom und weiß nichts von giftigen Reinigern, Pflegemittel oder sonstigen Chemikalien. Auch Süßigkeiten, vor allem Schokolade, sind für Hunde giftig!

Sollten Sie in Ihrer Wohnung Pflanzen haben oder einen Garten besitzen, beseitigen Sie alle giftigen Pflanzen!

Nicht zuletzt kann Ihr Hund im Eifer gegen einen Tisch rennen, von dem eine Vase oder ähnliches auf ihn fällt.

Ein giftfrei bepflanzter und ausbruchsicher umzäunter Garten ist ideal für Ihren Labrador Retriever.

Labrador Retriever

Der Kauf

Wenn Sie sich für einen Welpen entschieden und sich mit dem Züchter auch finanziell geeinigt haben, sind noch einige nicht ganz unwichtige Formalitäten zu klären. Über etwaige zum Zeitpunkt der Abgabe des Welpen bestehende zuchtausschließende Fehler muss der Züchter den Käufer vor Abschluss des Kaufvertrages informieren – auch wenn Sie vielleicht gar nicht die Absicht haben, mit diesem Hund zu züchten. Zuchtausschließende Mängel sind in der Regel auch ein Grund für einen Preisnachlass. Sie sollten sich deshalb spätestens bei dieser Gelegenheit vom Züchter das Wurfabnahmeprotokoll für diesen Wurf vorlegen lassen. Ob ein Kaufvertrag für einen Welpen mündlich oder schriftlich geschlossen wird, ist für seine Gültigkeit theoretisch belanglos, praktisch steht im Zweifelsfall ein Wort gegen das andere, wenn es um etwaige zusätzliche Absprachen geht. Deshalb sollte auch Ihr Kaufvertrag schriftlich geschlossen werden. Es ist üblich, dass Züchter durch Vereinbarungen verhindern wollen, dass einer ihrer Hunde in der Zukunft durch verschiedene Hände geht. Daher kann verabredet werden, dass, sollte sich der Käufer, aus welchem Grund auch immer, von seinem Hund trennen (müssen), der Züchter ein gewisses Vorkaufsrecht innehat und so steuern kann, wohin dieser Hund nach der Abgabe gerät. Auch werden häufig bestimmte Formen der Haltung ausgeschlossen, wie zum Beispiel Ketten- oder Zwingerhaltung, denn dies wäre für einen so kontaktfreudigen Hund wie den Labrador Retriever mehr als nur deprimierend. Auch Hunde können durch Isolation psychisch erkranken! Die meisten Vereine halten Kaufverträge mit den entsprechenden Klauseln bereit.

Die Welpenübernahme

Die Formalitäten sind erledigt, der Welpe längst ausgesucht und Sie platzen bestimmt schon vor Spannung, wie dem Kleinen sein neues Zuhause gefallen wird. Lassen Sie sich aber nicht aus der Ruhe bringen, sondern nehmen Sie sich die Zeit und stellen vielleicht noch die ein oder andere Frage. Wenn Sie nicht schon bei früheren Besuchen einen Futterplan sowie umfassende Instruktionen für das Einleben des Welpen in der neuen Umgebung erhalten haben, so sind diese spätestens jetzt fällig. Wichtig ist, dass das Futter, welches der Welpe bis jetzt erhalten hat, weiterhin gefüttert wird, da eine Futterumstellung mit einem gleichzeitigen Wechsel der Bezugspersonen, Verlust der gewohnten Umgebung, der Mutter und vielem mehr, ganz leicht zu ernsthaften stressbedingten Magen-Darm Störungen führen kann, die dann einer tierärztlicher Behandlung bedürfen und dem neuen Familienmitglied unbedingt zu ersparen sind. Der Züchter gibt Ihnen auf jeden Fall genügend Futter für die ersten Tage mit. Die Ernährung des Welpen kann – wenn gewünscht oder erforderlich – nach zwei Wochen langsam auf ein anderes Futter umgestellt werden. Bei der Übergabe des Welpen, der bei guter Gesundheit und vorschriftsmäßig geimpft und entwurmt sein muss, sind den neuen Eigentümern auch die vom zuchtbuchführenden Verein ausgestellte Ahnentafel und der Impfpass auszuhändigen. Liegt die zum Hund gehörende Ahnentafel dem Züchter zum Zeitpunkt der Abgabe des Welpen noch nicht vor – was häufig der Fall ist –, so wird er sie unverzüglich nachliefern.

Gewöhnen Sie Ihren Labrador-Retriever von klein auf an die Transportbox, so wird er sie als sein sicheres Zuhause betrachten. Ein Korb aus Plastik ist hygenischer, sicherer und widerstandsfähiger als ein Flechtkorb.

Labrador Retriever

Schon bei den ersten Erkundungen müssen Hindernisse überwunden werden.

einfügen und ruhen oder schlafen. Mit etwas Glück vergehen leicht ein paar Stunden, ehe sich das neue Familienmitglied wieder rührt. Sobald der Welpe erwacht heißt es schnellstens einen Parkplatz angesteuert und anhalten, denn nach dem Schlafen drückt die volle Blase. Schläft Ihr Hund nicht im Auto, sollten Sie jede Stunde eine kurze Pause machen und ihm die Möglichkeit geben, sich zu lösen. Zur Sicherheit des Welpen, der sich zum Beispiel vor der ungewohnten Umgebung oder einem fremden Geräusch erschrecken könnte, wird vor dem Aussteigen die leichte Leine an das bereits vorher angelegte Geschirr oder bereite Halsband angeklickt und der Welpe auf ein Rasenstück getragen. Dort wird er sich gern lösen. Nachdem frisches Wasser angeboten wurde, kann die Fahrt weitergehen. Während der Fahrt oder bei erwähnten Pausen werden keine Leckerchen gereicht, denn der Hund sollte weiterhin nüchtern reisen, damit ihm nicht übel wird. Auch das Wasser gibt es nur in der Pause und nicht zu viel, damit es im Auto möglichst zu keinem „Unfall" kommen kann – was sich aber nicht immer ganz vermeiden lässt. Haben Sie deshalb ein paar alte Putztücher oder Haushaltspapier zur Hand, um den Wagen schnell reinigen zu können.

Ein Hund zieht um

Egal wie weit die Autofahrt mit Ihrem kleinen Labrador sein wird, lassen Sie sich davon nicht beunruhigen. Gerade längere Autofahrten sind oft viel stressfreier als man denkt und lassen die erste innere Bindung zwischen Ihnen und Ihrem Welpen entstehen. Mindestens zwei Personen müssen mit dem Welpen reisen: Der Fahrer und ein Beifahrer, der sich um das Wohlbefinden des Kleinen kümmern kann. Wichtig ist, dass sich der Welpe auf dem Schoß des Beifahrers oder, noch besser, in einem gemütlichen Nest aus weichen Decken auf dem Boden des Beifahrerfußraumes einkuscheln kann.

Ein optimaler Startzeitpunkt ist, wenn die letzte Mahlzeit des ausgesuchten Welpen mindestens vier Stunden zurückliegt, gerade eine Spielphase der Welpen beendet wird und allgemeines Schlafen ansteht. Dann nehmen wir den kleinen Kerl, lassen ihn noch einmal seine Geschäftchen erledigen und ab geht die Reise. So aufregend und spannend dieser Moment auch für Sie ist, versuchen Sie ganz ruhig zu bleiben und so auf den Welpen beruhigend zu wirken, denn Ihre Stimmung überträgt sich auch auf den Welpen. Je ruhiger Sie sind, desto ruhiger wird auch der Welpe sein. Zu Beginn der Fahrt wird der Familienzuwachs unruhig versuchen, das Auto zu untersuchen. Lassen Sie dies aber nicht zu, streicheln Sie ihn und halten Sie ihn auf dem ihm zugewiesenen Plätzchen. So wird er sich nach einigen Minuten (je nach Temperament und Ausdauer kann das im Extremfall auch etwas länger dauern)

Diesen beiden Spielgefährten wird bestimmt nicht langweilig.

Labrador Retriever

Ankunft im neuen Zuhause

Zu Hause angekommen wird Ihr kleiner Labrador mit Interesse sein neues Heim erkunden, eine kleine Mahlzeit zu sich nehmen und etwas ruhen. Überfordern Sie ihn jetzt nicht. Auch wenn die gesamte Familie mit ihm spielen, ihn streicheln oder ihn einmal auf den Arm nehmen will – alles zu seiner Zeit! So viel wie an diesem Tag hat er wahrscheinlich in seinem gesamten Leben noch nicht erlebt. Er lernt neue Gerüche, neue Menschen und neue Orte kennen, da braucht es schon etwas Zeit, diese Eindrücke auch richtig zu verarbeiten. Sicher ist der Kontakt zu seinen Menschen jetzt sehr wichtig für ihn, stellen Sie sich aber lieber der Reihe nach vor und lassen Sie ihn das Tempo bestimmen. Wenn er weint oder ruhelos wirkt, spenden sie ihm Trost durch Körperkontakt, aber bemitleiden sie ihn nicht, dies würde das Gegenteil bewirken und könnte ihn zu noch lauterem Jammern veranlassen. Bedenken Sie, noch nie war er so lange von „seiner" Familie getrennt.

Ein Platz neben Ihrem Bett sollte ihm zumindest für die ersten Nächte sicher sein, damit ihm Ihre tröstend streichelnde Hand Geborgenheit vermitteln kann, wann immer er danach bedarf. Fühlt sich der Welpe nach einiger Zeit heimisch und kann nachts einhalten, so kann ihm sein eigener nächtlicher Schlafplatz schmackhaft gemacht werden.

Wer einen Labrador-Welpen in sein Haus geholt hat, tut gut daran, auch die Ratschläge des Züchters zu beachten, um die Veränderungen, denen der Welpe kurzfristig ausgesetzt ist, in Grenzen halten.

Die folgenden Tipps konzentrieren sich , neben einigen grundlegenden Feststellungen, ganz auf rassespezifische Fragestellungen, um folgenschwere Fehler bei der Haltung eines Labrador zu vermeiden. Auch ein in Konstitution und Wesen hervorragender Labrador-Welpe kann durch schwerwiegende Aufzucht-, Pflege- und Erziehungsfehler noch gründlich ruiniert werden – dies soll Ihrem Welpen nicht widerfahren!

Sie sollten Ihrem jungen Labrador keine längeren mehrstündigen Spaziergänge zumuten. Seine noch nicht vollständig entwickelten Knochen und Gelenke müssen noch geschont werden, damit keine Langzeitschäden entstehen.

Praxisnahe Tipps zur Aufzucht

Bei der Aufzucht eines jungen Labrador Retrievers sollten zunächst folgende allgemeingültige Grundsätze beachtet werden:

• Welpen haben ein ausgeprägtes Schlafbedürfnis. Dem ist insbesondere nach Erkundungsgängen, die bei Welpen jedoch keinesfalls zu Gewaltmärschen ausarten dürfen, und nach den Mahlzeiten (mit den danach zu verrichtenden größeren oder kleineren „Geschäften"), sowie Spielaktivitäten sorgfältig Rechnung zu tragen.

• Ein Welpe muss regelmäßig gefüttert werden. Es ist wichtig, bestimmte Futterzeiten konsequent einzuhalten; frisches Trinkwasser muss stets erreichbar sein, die Flüssigkeitsaufnahme sollte aber kontrolliert werden, solange der Welpe noch nicht stubenrein ist.

• Welpen haben einen natürlichen Erkundungsdrang. Es wäre unklug, diese Neigung gerade bei einem so aufgeschlossenen und intelligenten Hund wie dem Labrador im eigenen Haus und Garten nicht zu unterstützen oder sie gar einzuschränken. Schließlich muss ein Hund das Territorium, in dem er sich wohlfühlen soll, auch gründlich kennenlernen. Sicher darf es auch Orte in der Wohnung geben, die der Welpe nicht betreten darf, es kann aber nicht sein, dass er sich letztlich nur noch im Flur und in der Küche aufhalten darf.

• Junge Hunde sind im Gebäude noch sehr lose, deshalb können durch Aufzuchtfehler insbesondere Bänder und Muskeln geschädigt und unter extremen Bedingungen sogar die Knochen deformiert werden. Dies gilt generell zum Beispiel für das Hochnehmen junger Hunde: Sie dürfen niemals an den Vorderläufen hochgezogen oder gar unter den Ellenbogen hochgestemmt werden. Richtig ist hingegen, mit einer Hand unter das Hinterteil des Welpen zu greifen, allerdings ohne dabei die Rute einzuklemmen, und die andere Hand unter den vorderen Teil des Brustkorbs zu legen. Nicht zu schwunghaft, damit der Welpe nicht nach vorne kippt und hinunterfällt. Kleinen Kindern sollte untersagt werden, Welpen hochzunehmen und auch Erwachsene sollten auf das Hochnehmen weitestgehend verzichten.

• Wie bei allen mittelgroßen Hunden ist es auch beim Labrador Retriever im Hinblick auf Knochen-, Muskel- und Bänderschäden ein unter Umständen folgenschwerer Aufzuchtfehler, einen jungen Hund unter einem Jahr regelmäßig Treppen steigen, ihn niedrige Brüstungen erklimmen zu lassen oder häufig Sprünge herauszufordern. Die körperliche Belastbarkeit eines Labrador Retriever-Junghundes wird oft völlig überschätzt.

• Mit Ihrem Welpen machen Sie erst dann kleine Spaziergänge, wenn er sich bereits bei Ihnen eingelebt hat. Am Anfang ist man nicht länger als zehn Minuten unterwegs und auch für die weiteren Spaziergänge in seinem ersten Lebensjahr spielt die Zeitbemessung eine zentrale Rolle.

Die körperliche Konstitution eines Junghundes ist nicht für längere Spaziergänge geeignet. Wolfswelpen verlassen ihr Stammteritorium auch erst nach vielen Monaten für kürzere, spätere auch längere Streifzüge. Daher sind Spaziergänge völlig unnatürlich für einen Welpen. Bedauerlicherweise werden mit Junghunden unkundiger Besitzern immer wieder mehrstündige Touren unternommen. Der Hund zeigt keine Erschöpfung, wird aber wohl kaum ohne körperlichen Schaden davon kommen. Die Knochen sind noch weich, die Knochenfugen elastisch und die zum Teil kompliziert aufgebauten Gelenke werden durch Überlastung schwer geschädigt. Das ganze Ausmaß des Schadens ist beim Welpen noch nicht zu ermitteln und wird sich oft erst im Alter bemerkbar machen, denn nicht immer tritt als sofortige Folge Lahmheit auf.

Fehlerhafte Fronten mit ausgedrehten Ellenbogen, nicht am Brustkorb anliegende Oberarmknochen und lose Schultern sowie die Hüftgelenksdysplasie können Folgen falscher Bewegung sein.

• Auch das Gebiss des jungen Labrador Retrievers kann durch Aufzuchtfehler geschädigt werden. Während des Umzahnens, also in der Phase des Wechsels vom Welpengebiss zu den bleibenden Zähnen (ab etwa vier Monaten), sollte man auf keinen Fall in der Weise mit dem jungen Labrador spielen, dass man ihn an Tüchern oder Ähnlichem zerren lässt ihn damit hinter sich herzieht oder daran hochhebt. Veränderungen der Zahnstellung, insbesondere bei den Schneidezähnen, oder gar des Unterkiefers, der ja nur ein sogenannter Deckknochen ist, können die Folge sein, denn die Kraft, die ein junger Labrador beim Sich-Entgegenstemmen entwickelt, und ihre Auswirkung auf noch nicht gefestigte Zähne und Knochen werden häufig unterschätzt.

Mancher Zangen- und mancher knappe Scherenschluss sind auf diese Weise schon zum fehlerhaften Vorbiss geworden. Getrocknete Rinderohren, Strossen oder gesäuberte Rinderhufe sind während des Umzahnens ideal; das intensive Benagen dieser Gegenstände hilft, die Zähne des Milchgebisses zu lockern, das Zahnfleisch zu massieren und die Kiefer zu festigen. Doch auch zur Pflege des Gebisses des erwachsenen Labradors sind diese und andere durch natürliche Trocknung hergestellte Kauartikel empfehlenswert.

Pflegehinweise

Die regelmäßige Pflege Ihres Hundes umfasst neben der Fellpflege auch das Schneiden der Krallen, die Kontrolle der Augen und Ohren und als besonders wichtigen Punkt die Zahnpflege. Wie viel Zeit die Pflege Ihres Hundes in Anspruch nimmt, hängt vor allem von seiner Haarstruktur und der Notwendigkeit des Trimmens ab. Beim Labrador ist dies mit einem vergleichsweise geringen Aufwand verbunden. Jedoch stimmt es nicht, dass das kurze Fell dieser Rasse von sich aus in einem ansehnlichen Zustand bleibt. Ein wenig müssen Sie auch dazutun.

Labrador Retriever werden wegen Ihrer Vielseitigkeit geschätzt: Sie sind nicht nur Familien und Ausstellungshunde, sondern auch Jagd-, Blinden-, Rauschgiftsuch-, Rettungs- und Lawinenhunde.

Krallen- und Pfotenpflege

Wenn sich die Krallen eines Hundes nicht auf natürlichem Wege abschleifen, was bei Auslauf auf weichen Böden und wenig Grabmöglichkeit die Regel ist, dann müssen sie durch regelmäßiges Schneiden mit einer Krallenzange kurz gehalten werden. Überlange Krallen und Spreizpfoten sind keineswegs nur Schönheitsfehler, sie verändern nicht selten die Pfotenstellung (die Pfote dreht nach außen) und beeinträchtigen schließlich das Gangwerk insgesamt. Jedes Auftreten kann für den Labrador schmerzhaft werden und dadurch zu Bewegungsunlust führen.

Wie bei allen Pflegemaßnahmen gilt auch für das Krallenschneiden: Je früher Sie Ihren Labrador daran gewöhnen, desto selbstverständlicher wird dieser Vorgang für ihn. Im Handel erhalten Sie spezielle Krallenschneider für Hunde, die Ihnen die etwas difizile Arbeit erleichtern. Ihr Hund sollte beim Schneiden am besten liegen, damit Sie die zu beschneidende Pfote sicher mit einer Hand so fixieren können, dass Ihr Hund sie nicht plötzlich wegziehen kann. Beim Krallenschneiden ist besonders bei gut pigmentierten Nägeln darauf zu achten, dass die Ader in der Kralle nicht verletzt wird. Am besten kürzen Sie die Kralle ganz vorsichtig millimeterweise oder benutzen als sichere Alternative eine Feile.

Eine Kontrolle der Ballen nach den Spaziergängen ist empfehlenswert, um Ballenverletzungen sofort zu erkennen. Zwischen den Zehen kann sich leicht Dreck in den Haaren verfangen, der schnell entfernt werden kann, ansonsten aber auf Dauer zu Druckstellen und Schmerzen führen kann.

Wenn Sie das Fell Ihres Hundes bürsten und auskämmen, ist das für Ihren Hund nicht nur angenehm, Sie enfernen auch abgestorbene Haare und Schmutz aus seinem Fell. Beides fliegt nun nicht mehr in der Wohnung herumfliegen kann.

Fellpflege

Zur täglichen Pflege gehört das Durchbürsten des Fells und das Auskämmen von ausgefallenen Haaren. Es wird sowohl mit als auch gegen den Strich – die Wuchsrichtung – gearbeitet. Regelmäßige Fellpflege mit einer Gumminoppenbürste, die aufgrund des Massageeffektes über eine bessere Durchblutung der Haut der Haarqualität auch indirekt zugute kommt, ist durch sporadische Großeinsätze nicht zu ersetzen. In jedem Fall ist es äußerst hilfreich, wenn der Welpe beim täglichen Bürsten und Kämmen und bei jeder anderen Pflegemaßnahme auf einen Tisch mit rutschfester Unterlage gestellt wird, damit diese Prozedur für ihn zur Selbstverständlichkeit wird und er sich nicht Entziehen kann. So lernt er auf natürliche Weise, dass er sich an allen Körperstellen berühren lassen muss, was ihm seine niedrigere Rangposition innerhalb des Mensch-Hund-Rudels verdeutlicht. Übergroße Reinlichkeit ist ebenso falsch. Häufiges Baden schadet nicht nur der Haarstruktur, denn das harte Deckhaar wird weich und offen und verliert seine Fähigkeit, Schmutz abzuweisen. Die gut gefettete Unterwolle wird trocken und es schadet auch der Haut, denn deren natürlicher Säureschutzmantel kann geschädigt werden, was eine stärkere Entzündungsneigung zur Folge hat. Nur, wenn sich unser Labrador einmal in Aas oder noch übler riechendem gewälzt haben sollte, ist eine Dusche unter Verwendung eines geeigneten Spezialshampoos fällig. Wird der Hund danach trockenfrottiert (fönen ist nicht notwendig, es sei denn, der Hund könne sein Haar nicht zugfrei trocknen), so hält sich die Beeinträchtigung der Haarqualität in Grenzen.

Labrador Retriever

Ohrenpflege

Beim Labrador ist wie bei allen schlappohrigen Rassen die wöchentliche Kontrolle der Ohrmuschel und des äußeren Gehörganges auf Verunreinigen wichtig. Durch die hängenden Ohren wird der Gehörgang nicht so gut durchlüftet und es entsteht ein feucht-warmes Mikroklima, das ideal für Bakterien und Parasiten ist. Verschmutzungen und Ohrenschmalz müssen regelmäßig mittels eines speziellen Ohrreinigers aus dem Fachhandel gelöst und das Ohr mit einem weichen Wattepad gesäubert werden. Gerötete oder übel riechende Ohren deuten auf Ohrenentzündungen oder einen Befall mit Parasiten hin, was schnellste tierärztliche Behandlung erfordert. Auch wenn sich Ihr Hund häufig an den Ohren kratzt oder den Kopf schüttelt, ist dies ein sehr sicheres Zeichen für Ohrenprobleme.

Zahnpflege

Hundehalter unterschätzen häufig, wie wichtig auch für ihren Vierbeiner die Zahnpflege ist. Dabei besteht die Pflege nicht nur aus mindestens wöchentlichen Putzen mit einer speziellen Zahnbürste und Zahnpasta für Hunde, sondern ganz wesentlich aus dem Anbieten geeigneter Kauspielzeuge und Kauknochen. Im Fachhandel erhalten Sie sehr robustes Kauspielzeug aus Plastik und die verschiedensten Kauknochen, die meist aus Rinderhaut gefertigt werden. Auch getrocknete Schweineohren, Ochsenziemer oder Rinderhufe sind bestens für die Zahnpflege geeignet. Inzwischen werden auch verschiedenste Leckerlis mit zahnreinigender Wirkung angeboten. Durch das Beknabbern löst sich der Zahnbelag und die Bildung von Zahnstein wird entscheidend verringert. Ebenso wird die Durchblutung des Zahnfleischs angeregt.

Ernährung und Gesundheitsvorsorge

Heute ist es glücklicherweise kein Problem mehr, einen Hund in jeder Lebensphase optimal zu ernähren. Verantwortungsvoll handelnde Hersteller von Fertigfutter haben inzwischen mit erheblichem Forschungsaufwand hochwertiges Spezialfutter entwickelt, das – unter Berücksichtigung von Lebensalter, Größenwachstum und körperlicher Belastung – die Versorgung eines Hundes mit Eiweiß, Fett, Kohlehydraten, Mineralstoffen und Vitaminen in der jeweils besten Kombination dieser notwendigen Nahrungsbestandteile sicherstellt. Fertigfutter werden heute vor allem als Trockenfutter oder Feuchtfutter angeboten. Nicht alle im Handel angebotenen Hundenahrungen sind gleichwertig. Ihre Wahl sollte auf eine der eher seltenen, qualitativ hochwertigen Nahrungen fallen, die frei von jeden chemischen Zusätzen sind. Feuchtfutter kommen in Dosen oder Portionsschälchen in den Handel, Trockenfutter sind meist in Beuteln verpackt. Welche Futterart Sie nehmen, hängt neben der Vorliebe Ihres Hundes – die wenigsten Hunde sind allerdings sehr wählerisch – vor allem davon ab, was für Sie persönlich bequemer ist. Einmal geöffnet hält sich Trockenfutter länger und ist wegen seines geringeren Wassergehalt, der meist nur bei 10% liegt – bei Feuchtfutter hingegen bis über 80% – wesentlich leichter zu bevorraten. Vom ernährungsphysiologischen Gesichtspunkt her sind beide Futterarten gleich empfehlenswert.

Halten Sie sich zumindest in den ersten Wochen nach Übernahme des Welpen gewissenhaft an den Fütterungsplan, den Ihnen der Züchter Ihres Welpen mitgegeben hat, um die Eingewöhnungsphase des Labrador-Welpen möglichst schonend zu gestalten und ihn und seinen Darm nicht noch mit einer neuen Futtersorte zu belasten. Im Alter von zwei bis drei Monaten sollte ein junger Welpe seine Ration Welpenoder Junghund-Futter möglichst in vier Mahlzeiten pro Tag erhalten, im Alter von vier bis sechs Monaten in drei Mahlzeiten, im Alter von sieben bis elf Monaten in zwei Mahlzeiten, und vom zwölften Lebensmonat an ist in der Regel eine Mahlzeit pro Tag ausreichend. Frisches Trinkwasser muß jederzeit zur Verfügung stehen. Besonders wenn Sie Trockenfutter verwenden ist der Flüssigkeitsbedarf Ihres Hundes sehr hoch, da er fast kein Wasser über die Nahrung zu sich nimmt.

Hunde sollten, entgegen althergebrachter Meinungen keinesfalls einmal wöchentlich fasten. An diesen Tagen fühlen sie sich nicht so wohl und sind wesentlich reizbarer als an anderen Tagen. Auch die einmalige Fütterung erwachsener Hunde gehört der Vergangenheit an. Eine zweimalige Fütterung täglich ermöglicht eine gesündere Ernährung und beugt durch weniger Befüllung des Magens der gefürchtete Magendrehungen vor. Die Futtermenge ist individuell zu bestimmen und richtet sich außer nach Gewicht und Alter des Hundes auch nach seinem Stoffwechsel, seiner Nahrungsverwertung, Aktivität und Bewegungsfreude.

Entfernen Sie nach jeder Mahlzeit alle Essensreste und lassen Sie nichts stehen. Bei Hunden verbietet sich ein ständig bereit stehender Napf mit Trockenfutter, wie es bei anderen Haustieren üblich ist.

Labrador Retriever

Gesundheitsvorsorge

Zur Gesundheitsvorsorge gehören die regelmäßigen Impfungen gegen Staupe, Hepatitis, Leptospirose, Parvovirose sowie gegen Tollwut. Außerdem muss der Hund vor Würmern und anderen Parasiten, wie zum Beispiel Flöhen und Zecken geschützt werden. Den Impfplan und die regelmäßigen Wurmkuren legen Sie zweckmäßigerweise mit Ihrem Tierarzt fest; auch Ihr Züchter hat Ihnen sicher schon Empfehlungen hierzu gegeben. Aus meiner Sicht empfehlenswert ist, um eventuellen Impfschädigungen vorzubeugen, auf Vielfachimpfungen zu verzichten und die erforderlichen Impfungen möglichst zeitlich versetzt auf mehrere Einzelimpfungen zu verteilen. In diesem Zusammenhang verweise ich auf Alternativen durch Homöopathie und Naturheilpraxis. Es gibt gerade in Bezug auf den Parasitenschutz sehr wirksame und völlig unschädliche Möglichkeiten. Informationen darüber erhalten Sie bei homöopathisch unterstützend arbeitenden Tierärzten und Tierheilpraktikern.

Der erste Besuch beim Tierarzt sollte dazu genutzt werden, diesen kennenzulernen und eine nötige Wurmkur, die schon etwa drei Tage nach Übernahme des Welpen gegeben werden sollte, mitzunehmen. Während des Besuches beim Tierarzt sollte es selbstverständlich sein, dass der Welpe keinesfalls auf den Fußboden gesetzt wird, weder im Warteraum noch im Behandlungszimmer. Eine Tierarztpraxis ist naturgemäß eine gewisse Infektionsquelle. Er bleibt also auf dem Arm seiner Begleitperson.

Grundlagen der Erziehung und Einzelprobleme

Die Erziehung eines Hundes erfordert nicht nur Geduld und Einfühlungsvermögen. Liebevolle Konsequenz und positive Verstärkung sind die Eckpfosten moderner Hundeerziehung. Um erzieherisch erfolgreich einwirken zu können, müssen wir uns zuerst das Vertrauen des jungen Hundes verdienen. Er muss uns als einschätzbar und weise überlegen erleben. Durch genaues Beobachten, mit welchen Reaktionen wir auf sein Verhalten antworten, lernt er uns kennen und wird sich danach

Der junge Hund muss lernen Abstand zu halten wenn dies gewünscht wird.

Labrador Retriever

richten, denn ein Labrador möchte seinen Besitzer erfreuen. Als Hund erwartet er von uns Menschen, dass wir Ordnung in sein Leben bringen und diese Ordnung auch weitestgehend einhalten. Er erwartet, dass ihm seine Grenzen immer wieder verdeutlicht werden, denn nur dann kann er sich innerhalb seines Mensch-Hund-Rudels instinktiv sicher fühlen. Es liegt also an uns Menschen, ob wir in der Lage sind, uns in unseren Hund hineinzuversetzen und hundlich zu handeln. Es darf nicht vergessen werden, im Zusammenleben mit einem Hund verlangen wir Dinge, die nicht seiner Wesensart entsprechen. Als Rudeltier möchte er niemals allein bleiben, genau das aber verlangen wir häufig. Wir wollen, dass er dicht bei uns geht, wenn er lieber davonstürmen möchte. Nicht das dies zuviel verlangt ist, aber da es nicht hundlich ist, muss unser Labrador es mühsam erlernen. Das bedeutet häufiges Üben, belohnen wann immer etwas auch nur andeutungsweise richtig gemacht wird, auch dann wenn wir dies schon als selbstverständlich hinnehmen möchten. Geduld ist eine wichtige Tugend, für eines guten Hundeführers.

Das Strafen eines Hundes ist in der Regel wenig sinnvoll, da der Welpe durch erdachte „Strafen" häufig verunsichert wird oder sogar sein Vertrauen in den Freund Mensch tief erschüttert werden kann. Wesentlich erfolgreicher ist es, so voraussehend zu handeln, dass ein unerwünschtes Verhalten verhindert werden kann. Er wird zum Beispiel jedesmal zurückgerufen, bevor der Rand des Blumenbeetes überschritten wird. Für sofortiges Abwenden wird überschwänglich gelobt.

Mehrmals wiederholt ist der Erfolg größer, als wenn der Hund bereits im Beet buddelt und unter Strafen herausgezerrt wird. Demzufolge wird eine gern gesehene Handlung sofort belohnt und der Labrador wird lernen, dass bestimmte Handlungen lohnenswert sind, andere sich wiederum nicht lohnen. Dabei sollte nicht vergessen werden, dass eine Futterbelohnung mit dem richtigen Timing effektiver ist als eine Streicheleinheit, denn ein Retriever frisst nun einmal für sein Leben gern und kann sich schnell merken, für welche Handlungen es Leckerchen gibt und diese gern wiederholen. Einwände, er würde nur für Leckerchen arbeiten, gelten nicht, denn wer von uns arbeitet denn für nichts und wieder nichts? Wenn der Labrador verstanden hat, was gewünscht wird, erfreuen ihn auch selten gegebene Leckerchen ganz besonders und erinnern ihn an bestimmte Lernerfolge.

Unterlassen Sie das oft gepriesene Schütteln des Hundes mit festem Griff im Nackenfell. Keine Mutterhündin erzieht so ihre Welpen! Das Nackenfellschütteln ist ein Bestandteil des Beuteverhaltens. Kleinere Beutetiere wie Ratten oder Kaninchen werden auf diese Weise totgeschüttelt. Auch Welpen untereinander üben immer wieder dieses Beutespiel. Wenden Sie nun das Nackenfellschütteln als Strafe an, so wird Ihr Hund eventuell in Todesangst geraten und um sein Leben kämpfen oder in eine Starre fallen. Bei häufigen Wiederholungen sieht er es vielleicht als Spielaufforderung an. Doch damit haben Sie Ihr Ziel nicht erreicht. Auch andere körperliche Gewalt wird möglichst vermieden. Um einen menschlichen Rudelführ als solchen anzuerkennen, wird von diesem erwartet, sich in etwa wie ein ranghoher Hund zu benehmen. Nämlich eher von oben herab und nur im Notfall mit körperlicher Gewalt. Beißereien sind in einem Hunde- oder Wolfsrudel sehr selten. Wer seinen Hund dauernd packt, ihn zum Sitzen hinunterdrückt oder die Beine nach vorn zieht, damit er sich legt, erfährt Unwillen, oft ein Sträuben, aber keinesfalls freudiges Ausführen des Gewünschten. Der menschliche Rudelführer gerät durch häufige Gewalteinwirkungen, wozu auch sogenannte „sanfte Gewalt" gehört, in eine Position, in der der Hund sich eher gleichrangig mit ihm fühlt, denn nur Hunde, die im etwa gleichen Rang stehen, beißen sich. Diese möchten klären, wem die höhere Rudelposition zusteht. Wer sich ständig auf eine „Beißerei" einlässt, signalisiert seinem

Vorraussehendes Handeln, Lob und viel Geduld sind wichtige Grundsätze in der Hundeerziehung.

Labrador Retriever

Hund, dass die Rangordnung nicht eindeutig zugunsten des Besitzers geklärt ist und aus diesem Grund wird der Hund den Wünschen seines Besitzers immer weniger Folge leisten, denn einem gleichrangigen Rudelmitglied, wird kaum Respekt entgegengebracht, seine Wünsche werden ignoriert.

Um einen jungen Hund erfolgreich erziehen zu können muss bei uns Menschen Wissen und gesunder Hundeverstand vorhanden sein. Missverständnisse müssen vermieden werden. Deshalb ist eine eindeutige Körpersprache in harmonischer Verbindung mit ebenso eindeutigen Hörzeichen sehr wichtig. Wir befehlen unserem Hund nicht und kommandieren ihn nicht herum, denn er ist unser Freund, nicht unser Sklave. Frei und vertrauensvoll soll er uns zugetan sein. Ein geduckter Hund in ängstlicher Haltung kann nicht das Ausbildungsziel sein.

Es gibt viele alltägliche Situationen, die verdeutlichen, dass durch Missverständnisse schwere, manchmal irreparable Erziehungsfehler entstehen. Ein Beispiel: Wer seinen Hund mehrmals vergeblich zu sich gerufen hat, muss ihn, selbst wenn das Stimmungsbarometer auf Orkan steht, was durchaus menschlich ist, intensiv loben, wenn er denn gütigerweise beim nächsten Rufen tatsächlich kommt. Wer in einer solchen Situation die Beherrschung verliert und seinen Hund in dem Moment, in dem er gekommen ist, bestraft, bewirkt damit nur, dass der Hund folgendes lernt: Wenn er sich seinem Besitzer in einer vergleichbaren Situation wieder nähert, muss er mit Repressalien rechnen. Er wird also in Zukunft langsam, auf Umwegen oder nur bis zu einem gewissen Sicherheitsabstand herankommen. Vielleicht wird er sogar in sicherer Entfernung Spielaufforderungen machen, um seinen Besitzer gut zu stimmen und Aggressionen zu hemmen. Leider wird eine solche Spielaufforderung von uns Menschen dann falsch verstanden und löst noch mehr Wut aus.

Mit der Hand geprügelte Hunde können – neben anderen hierdurch verursachten psychischen Schäden – sogar handscheu werden. Wer nicht sofort nach Übernahme des Welpen mit dessen Erziehung beginnt, darf sicher sein, von ihm erzogen zu werden. Hundeerziehung lässt sich nun einmal nicht aufschieben. Es ist kaum möglich, einem Hund klarzumachen, dass Dinge, die zwei Wochen oder sogar ein ganzes Jahr lang geduldet oder gar mit Entzücken verfolgt wurden, plötzlich verboten sein sollen. Dazu gehört häufig das freudige Anspringen fremder Personen. In den ersten Wochen ist der Welpe noch klein und niedlich, das Anspringen stört niemanden und wird auch noch mit Streicheleinheiten belohnt. Da alles, was belohnt wird, gern wiederholt wird, lernt der Hund: Anspringen ist erwünscht und macht Menschen glücklich. Nur ein paar Wochen später soll nun dies Erlernte wieder gelöscht werden und verständlicherweise ist das sehr schwer. Wäre von Beginn an darauf geachtet worden, sich zur Begrüßung hinabzubeugen und den Welpen, sollte er aus Übermut hochspringen, durch eine geschickte Seitwärtsdrehung ins Leere springen zu lassen, hätte er gelernt, dass sich dieses Verhalten nicht lohnt und es immer seltener, später gar nicht mehr ausgeführt.

Die Erziehung zur Stubenreinheit ist üblicherweise nicht mit Schwierigkeiten verbunden. Entscheidend ist, dass man sich einige Tage Zeit nimmt, den Welpen genau zu beobachten und die zeitliche Abfolge seiner Bedürfnisse kennenzulernen, denn kleine und vor allem größere Geschäfte kommen meist nicht aus heiterem Himmel. Die Erfahrung lehrt, dass man mit folgender Faustregel in relativ kurzer Zeit zum Erfolg kommen kann: Wer mit seinem Welpen nach jedem Fressen, nach jedem Schlafen, in einer Spielpause, zwischendurch spätestens nach jeweils eineinhalb bis zwei Stunden und dazu abends so spät und morgens so früh wie möglich nach draußen an den Ort geht, der auf Dauer der Löseplatz sein soll, dort genügend Geduld für den Hund aufbringt und ihn nach Erledigung seines Geschäfts ausgiebig lobt, hat sehr bald einen stubenreinen Hund, der auf irgendeine Art anzeigt, wann er „muss". Wenn der Welpe bei dieser Prozedur immer wieder mit den gleichen Worten animiert wird, verrichtet er später sein Geschäft vielleicht sogar auf ein bestimmtes Hörzeichen hin! Grundsätzlich gilt, wenn man feststellt, dass

Wer nicht sofort nach Übernahme des Welpen mit dessen Erziehung beginnt, darf sicher sein, von ihm erzogen zu weden.

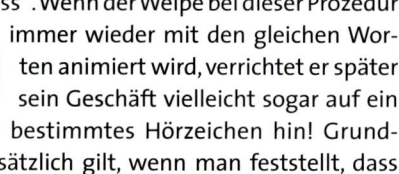

ein Welpe sich mit suchendem Schnüffeln unter auffälligen Drehungen anschickt, hinzuhocken, ist es höchste Zeit, ihn nach draußen auf seinen Löseplatz zu begleiten.

War der Welpe bei seinem Züchter daran gewöhnt, sich auf Zeitungspapier zu lösen, wobei die Zeitungsfläche mit der Zeit sinnvollerweise immer kleiner wurde, so empfiehlt es sich durchaus, dieses Verfahren beizubehalten, wenn der Welpe in einer großen Etagenwohnung gehalten wird, was sicher nicht optimal, aber bei genügend Auslauf und Aufenthalt im Freien durchaus möglich ist. So könnte dies in den ersten Wochen als Signal für einen Löseplatz zum Beispiel auf dem Balkon sehr nützlich sein. Der Harndrang eines Welpen lässt oft nicht genügend Zeit, sich anzuziehen und den Welpen per Treppe (auf dem Arm getragen) oder Fahrstuhl zum vorgesehenen Löseplatz zu bringen. Die Zeitung könnte nachts für alle Beteiligten eine Erleichterung sein. Trotzdem sollte der Hund zu den schon genannten Anlässen und Zeiten regelmäßig nach draußen geführt werden. Der Welpe wird sich recht bald daran gewöhnen, seine Geschäfte draußen zu verrichten, da er den Trieb hat, sein Heim sauber zu halten. Keinesfalls wird der junge Hund bestraft, wenn er sein Geschäft am falschen Platze erledigt. Alles wird schnellstens entfernt und in Zukunft wird eben besser aufgepasst.

Ein junger Labrador verliert seine ersten Milchzähne mit etwa 4 Monaten. In der Zeit des Zahnwechsels aber auch noch einige Monate danach neigen Hunde dieser Rasse dazu, alles was ihnen vor die Zähne kommt zu benagen. Keinesfalls um uns zu ärgern, aber ihr Kaubedürfnis ist groß und es bleibt nicht immer bei den angebotenen kaubaren Gegenständen und Spielsachen, sondern der Labrador überlässt diese Auswahl oft einfach dem Zufall. Wer so ein „Kauexemplar" besitzt, ist verzweifelt, denn nur zehnminütiges Alleinlassen kann zur Folge haben, dass Treppenstufen, Fußleisten, Schranktüren oder ähnlich fest eingebaute Gegenstände bleibenden Schaden davontragen. Motivation dazu ist vielleicht Langeweile, Neugier, ein Kribbeln oder Jucken im Kiefer – außerdem verspürt der Junghund dabei eine gewisse Lust und belohnt sich dadurch selbst. Strafen im Nachhinein haben darauf keinen Einfluss, sondern zerstören das Vertrauensverhältnis nachhaltig. Um die Wohnungseinrichtung zu schützen ist es manchmal angebracht, einen sogenannten Zimmerkennel anzuschaffen.

Dabei sollte man den größtmöglichen wählen, damit der Welpe einen gewissen Bewegungsspielraum hat. Er wird vorsichtig daran gewöhnt, einige Minuten zufrieden darin zu verbringen, vielleicht darin sein gewohntes Futter zu erhalten oder ein Rinderohr zu kauen. Gelingt dies und der Labrador betritt den Zimmerkennel freudig, kann er darin durchaus allein gelassen werden. Ich warne allerdings davor, diese Zeiten der fast völligen Bewegungslosigkeit in so einer Box auf mehrere Stunden regelmäßig auszudehnen, da dann die Gefahr groß ist, dass der Labrador die bekannten psychischen Schäden davonträgt, die ein Hund der außerhalb des Hauses im Zwinger gehalten wird auch hat. Ein Zimmerkennel muss eine Notlösung bleiben, und dies für eine möglichst kurze Zeit.

Labradore tragen gern alle möglichen Gegenstände, die sie finden können in ihr Lager – das ist völlig normal. Doch sie fressen auch alles, was sie für fressbar halten. Manche suchen bei Spaziergängen oder im Garten den Boden systematisch ab. Ganz davon abgesehen, dass durchgekaute Kaugummies und matschige Bananenschalen nicht besonders appetitlich sind, bergen sie auch Infektionsquellen. Möglichst frühzeitiges Einwirken durch Verbote und Verhinderung des Aufnehmens sowie sofortiges Loben, wenn Ihr Labrador auf Hörzeichen davon ablässt sind ein erfolgreicher Schritt in die richtige Richtung. Reißen Sie Ihrem jungen Labrador nichts wütend aus dem Fang, auch wenn es etwas kostbares oder Gefährliches ist. Überreden Sie ihn immer lobend zum Abgeben. Das Fortreißen könnte ihn dazu zu bewegen, bei Ihrer Annäherung in Zukunft die Beute, die sie ihm entwinden möchten, blitzschnell herunter zu schlucken. Das Ergebnis könnte fatale gesundheitliche Folgen haben und dieses Verhalten ist nur äußerst schwer wieder zu korrigieren.

Ein gesunder, gut gepflegter Hund sieht den Tierarzt normalerweise nur zur regelmäßigen Impfung.

Ein aufmerksam fragender Blick als Einladung zu gemeinsamen Aktionen.

Zucht und Ausstellung

Wer mit seinem Labrador Retriever einmal züchten oder ihn ausstellen möchte, wird vom Züchter seines Hundes, vom Labrador Club Deutschland e.V. (LCD)oder vom Deutschen Retriever Club e.V. (DRC) alle notwendigen Informationen erhalten. Eine der Grundvoraussetzungen dafür, dass ein Labrador Retriever auf VDH- bzw. Club-geschützten Ausstellungen gemeldet und gezeigt werden darf, ist seine Eintragung im Zuchtbuch des LCD oder DRC oder eines vom VDH anerkannten ausländischen Rassezuchtvereins.

Mancher Welpenkäufer, der sich erst nach dem Kauf seines Welpen sachkundig gemacht hat oder bei einem seriösen Züchter nicht lange auf einen Welpen mit VDH-Papieren warten mochte und erst später zu der Erkenntnis kommt, dass er unter den heutigen Rahmenbedingungen mit seinem Hund in einem VDH-Verein besser aufgehoben wäre, hat seit Neuestem nach einer erfolgreichen Registrierung die Möglichkeit, seinen Labrador auf Zuchtschauen zu präsentieren. Eine Zucht bleibt allerdings aus guten Gründen verwehrt.

Zuchtschauen sind Treffpunkte vieler Gleichgesinnter. Nette und interessante Gespräche mit Experten für Labrador Retriever sind reichlich möglich. Jeder vorgestellte Hund ist im Schaukatalog aufgeführt, da der Meldeschluss einige Zeit vor der Schau liegt und jeder Hund mit einigen Informationen versehen darin wieder zu finden ist. Jeder Labrador kann in der für ihn passenden Klasse ausgestellt werden und erhält eine schriftliche mehr oder weniger ausführliche Beschreibung seines Hundes in bezug auf den Rassestandard von einem gut ausgebildeten, anerkannten Richter für Labradore. Die herausragenden Hunde dieser Schau erhalten Anwartschaften auf nationale oder internationale Championtitel und es gibt auch einen Gesamt-Tagessieger den BOB (Best of Breed) - Besten der Rasse, ein selbstverständlich begehrter Tagestitel. Deckrüdenbesitzer stellen hier Ihre Rüden vor und auch deren Nachzucht ist häufig zu bewundern. Züchter informieren sich über den Stand der Zucht und sehen sich nach geeigneten Deckrüden um. Ein Treffpunkt und Erlebnis für Labrador Retriever Freunde.

Der Name Labrador Retriever stammt aus dem Englischen: to retrieve – zurückbringen; das bedeutet das Leben eines Labrador.

Ausbildungsmöglichkeiten und Sport

Seinen Labrador Retriever liebevoll und konsequent zu erziehen, ist ein Muss für jeden Labrador-Liebhaber – eine weitergehende Ausbildung mit ihm zu machen oder gar Sport mit ihm zu treiben, sind attraktive Möglichkeiten. Das erste Ausbildungsziel für Retriever kann die Begleithund-Prüfung sein.

Diese Prüfung wird in den verschiedenen Vereinen mit unterschiedlichen Anforderungen angeboten. Doch wird bei allen diesen Prüfungen die Leinenführigkeit, Freifolge, Apportieren, Führigkeit und das Verhalten im Straßenverkehr sowie das Verhalten des allein gelassenen Hundes überprüft.

Labrador Retriever

Die Retriever betreuenden Vereine unterhalten bundesweit Übungsplätze, auf denen in familiärer Atmosphäre in überschaubaren Gruppen retrievergerecht gearbeitet wird. So öffnen sich Labrador Retrievern und ihren Besitzern vielfältige Möglichkeiten, sich mit ihrem Hund sinnvoll zu beschäftigen. Angefangen mit Prägungsspielgruppen für Welpen, Begleithundetraining bis hin zu Apportiertraining mit Ziel der unterschiedlichen jagdlichen Prüfungen oder Dummyprüfungen (hier wird anstatt mit Wild mit sogenannten Dummies, das sind schwimmfähige Segeltuchsäcke mit weicher Füllung, gearbeitet).

Wasser ist sein Element. Beim Schwimmen wird mit der kräftigen Rute gesteuert.

Die Begleithundeprüfung ist auch Voraussetzung für die Teilnahme an den für Hund und Hundeführer gleichermaßen spannenden Agility-Wettbewerben, bei denen auf einem Geschicklichkeitsparcours von 100 bis 200 Metern Länge 10 bis 20 Hindernisse zu überwinden sind. Auch wenn naturgemäß der Labrador aufgrund seines kompakten Körperbaus kaum zu Weltklasseleistungen fähig ist, hat er in der Regel ungeheuren Spaß an dieser Disziplin. Fly-Ball-Wettbewerbe und Fährtenhundprüfungen sind für einen Labrador ebenfalls geeignete Betätigungsfelder.

Labrador Retriever

Nicht selten kommen Retriever-Besitzer mit ihren dafür offensichtlich besonders geeigneten Hunden zur Rettungshundearbeit. Diese ist zwar sehr langwierig und zeitaufwändig, bedeutet jedoch viel Freude und eine sinnvolle Beschäftigung für Hund und Besitzer. Rettungshunde sind unverzichtbare Helfer bei Katastrophen wie Explosionen, Erdbeben und bei Lawinenunglücken oder auf der Suche nach vermissten Personen.

Durch eine Anfrage beim Technischen Hilfswerk, dem Arbeiter Samariter Bund, dem Deutschen Roten Kreuz oder anderen Vereinigungen, in denen offiziell Rettungshunde ausgebildet werden, erfahren Sie, wo Sie in Ihrer Nähe geeignete Ausbildungsplätze und kompetente Ausbilder finden. Sehen Sie sich die verschiedenen Ausbildungsplätze an und stellen Sie Vergleiche an.

Eine fundierte Ausbildung zahlt sich aus. Auch Kinder können unter Aufsicht mit ihrem Hund üben.

Liebe zum Hund, Achtung vor der Kreatur und Sachkompetenz sind wichtiger als schöne Vereinshäuser oder eine kurze Anfahrt. Labrador Retriever schätzen die Atmosphäre auf Ausbildungsplätzen nicht, wo kommandiert wird und der Hund schmerzhafte Lernerfahrungen machen muss. Dafür, dass Spiel und Spaß beim Sport mit Ihrem Labrador stets im Vordergrund stehen, haben Sie jedoch als Hundehalter allein Sorge zu tragen.

Labrador Retriever

VDH-Hundeführerschein

Angesichts der immer höheren Anforderungen, die unter den aktuellen gesellschaftlichen Bedingungen an die Sachkunde von Hundehaltern und an eine artgerechte, sozialverträgliche Hundehaltung gestellt werden, hat der VDH den „VDH-Hundeführerschein" entwickelt. Dem VDH-Hundeführerschein liegt ein qualifiziertes Ausbildungsprogramm für Hundehalter zu Grunde. Ausbildung und Prüfung für diesen Qualifikationsnachweis beruhen auf den drei Säulen:

Der wichtigste Grundstein der Erziehung ist Konsequenz.

• **Sachkunde des Hundehalters**

• **Sozialverträglichkeit des Hundes**

• **Gehorsam des Hundes**

Dabei wird im Vergleich zur Begleithund-Prüfung der Aspekt der Sozialverträglichkeit des Hundes in Alltagssituationen betont und auf das problemlose Auftreten des Gespanns „Hundehalter/Hund" im Alltag abgezielt, während an die exakte Ausfürung der Unterordnungsübungen nicht ganz so hohe Anforderungen gestellt werden. Es wird die Sachkunde eines Hundehalters mit einem bestimmten Hund überprüft und das konkrete Gespann „Hund/Hundehalter" am Prüfungstag bewertet.

Mit dem einheitlichen Zertifikat „Hundeführerschein" wird bestätigt, dass ein bestimmter Hundehalter sachkundig ist und der von ihm geführte bestimmte Hund ausgebildet und sozialverträglich ist. Es ist daher sinnvoll, dass ein Hundehalter mit einem neuen Hund erneut die Prüfung zum VDH-Hundeführerschein ablegt und sich gegebenenfalls mehrere Familienmitglieder mit ein und demselben Hund prüfen lassen.

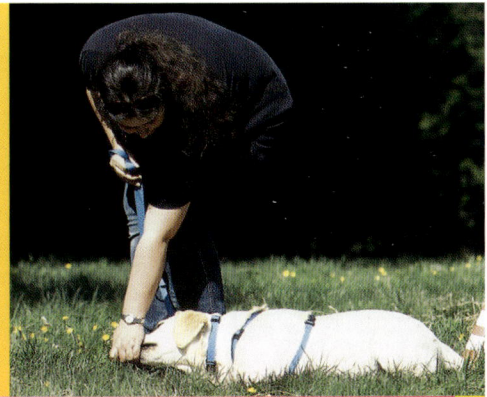

Der VDH-Hundeführerschein ist ein Angebot an alle Hundehalter – unabhängig davon, ob sie Mitglied in einem VDH-Mitgliedsverein sind oder nicht –, das auf freiwilliger Basis genutzt werden kann. Der Hundeführerschein soll nicht nur als Sachkundenachweis gegenüber Behörden dienen, mit ihm wird auch das Ziel verfolgt, Hundesteuer-Nachlässe und günstigere Prämien für die Hundehaftpflicht-Versicherung zu erreichen. Vor allem aber ist er ein hervorragendes Instrument, sowohl das Verhältnis Hundehalter/Hund als auch das Verhältnis zwischen Hundehaltern und Nicht-Hundehaltern zu verbessern.

Auch wenn Sie nach der Lektüre dieses Buches zu dem Schluss gekommen sein sollten, dass der Labrador für Sie persönlich nicht der geeignete Hund sein kann, hat es in Bezug auf Ihre Horizonterweiterung sicherlich seinen Sinn erfüllt. Wenn Sie jetzt noch sicherer sind, dass ein Labrador der einzig für Sie in Frage kommende Gefährte sein kann, wünsche ich Ihnen ganz viel Freude an Ihrem Vierbeiner.

Ihre Freundlichkeit und Fröhlichkeit ist den Labradoren schon am Blick anzusehen.

Verband für das Deutsche Hundewesen e.V. (VDH)
Westfalendamm 174
44141 Dortmund
Tel. 0231 565000   Fax 0231 592440

Labrador Club Deutschland e.V.
Geschäftsstelle Karin Willkomm
Auf der Heide 1
41462 Neuss
Tel. 02131 569100
eMail:geschaeftsstelle@labrador.de
Im Internet: www.labrador.de

Deutscher Retriever Club e.V.
Geschäftsstelle und Welpenvermittlung
Margitta Becker
Dörnhagener Str. 13
34302 Guxhagen
Tel. 056651734   Fax: 05665 1718
DRC-Geschäftsstelle@t-online.de
Im Internet: www.deutscher-retriever-club.de

Deutscher Hundesport-Verband (DHV),
Geschäftsstelle
Gustav-Sybrecht-Str. 42
44536 Lünen
Tel. 0231 87949   Fax 0231 8770813

Gesellschaft für Haustierforschung e.V.
Eberhard-Trumler-Station
Wolfswinkel 1
57587 Birken-Honigessen
http://home.t-online.de/home/GfH.Trumler/gfh.htm

TASSO
Haustierzentralregister für die BRD e.V.
Frankfurter Str. 20
65795 Hattersheim

Literaturhinweise

EVANS, J.M. & WHITE, KAY: Die Hündin, 1998
FEDDERSEN-PETERSEN, DR. DORIT:
Hunde und ihre Menschen, 1992
FELTMANN, GUDRUN:
Welpentraining mit Gudrun Feltmann, 2000
HARMS, MAIKE:
Die persönliche Welpenfibel, 1999
HOEFS, NICOLE & FÜHRMANN, PETRA:
Das Kosmos Erziehungsprogramm
für Hunde, 1999
LASER, BIRGIT: Clickertraining, 2000
LASER, BIRGIT: Obedience für Einsteiger, 2000
MARÓTHY, ROBERT VON: Labrador Retriever, 1999
MUGFORD, DR. ROGER:
Hunde auf der Couch, 1991
MUGFORD, DR. ROGER:
Hundeerziehung 2000, 1992
NAREWSKI, UTE:
Welpen brauchen Prägungsspieltage, 1996
NEVILLE, DR. PETER AND ASSIOCIATES:
Labrador - an owners guide, 1996
PIETRALLA, MARTIN:
Clickertraining für Hunde, 2000
PRYOR, KAREN:
Positiv bestärken - sanft erziehen, 1999
ROSS, JOHN & MCKINNEY, BARBARA:
Hunde verstehen und richtig erziehen
STEIN, PETRA: Bachblüten für Hunde
TAMMER, ISABELL: Hundeernährung, 2000
TELLINGTON-JONES, LINDA & TAYLOR, SIBIL:
Der neue Weg im Umgang mit Tieren, 1993
TRUMLER, EBERHARD:
Hunde ernst genommen, 1989
TRUMLER, EBERHARD: Der schwierige Hund, 1986
TRUMLER, EBERHARD: Das Jahr des Hundes, 1984
TRUMLER, EBERHARD:
Ein Hund wird geboren, 1992
VERHOEF-VERHALLEN, ESTHER J.J.:
Hunde-Enzyklopädie
WEIDT, HEINZ & BERLOWITZ, DINA:
Spielend vom Welpen zum Hund, 1996
WEIDT: Der Hund mit dem wir leben:
Verhalten und Wesen, 1989
WILES-FONE, HEATHER:
Das große Labrador Retriever Buch
WOLFF, HANS-GÜNTHER:
Unsere Hunde, gesund durch Homöopathie

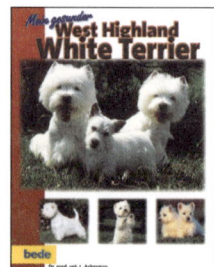
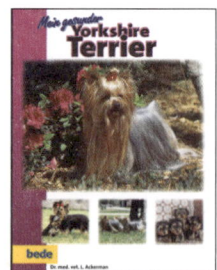

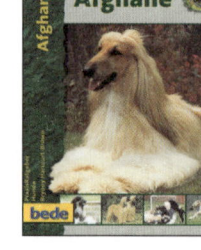